高职高专计算机类专业系列教材

Java 面向对象程序设计案例教程

主　编　王　贺
副主编　孙　佳　王石光

西安电子科技大学出版社

内容简介

本书以面向对象的思想介绍使用 Java 语言进行程序设计的知识和方法，将面向对象的基本理论知识与 Java 语言程序设计结合起来，运用大量有应用价值的实例来实践这些原理与方法，旨在培养读者正确运用面向对象的思维方式解决问题的能力。本书主要内容有：Java 程序语言概述、Java 程序设计语法基础、数组与字符串、类和对象、Java 面向对象的特征、Java 中的异常处理、图形用户界面开发与事件处理、Java 的数据库编程基础、Java 中的文件操作、Java 多线程处理机制、学生成绩管理系统的设计与实现。

本书既可以作为高职高专院校计算机及相关专业的教材，也可以作为广大编程初学者的自学参考书。

图书在版编目(CIP)数据

Java 面向对象程序设计案例教程 / 王贺主编. —西安：西安电子科技大学出版社，2019.7 (2021.3 重印)
ISBN 978-7-5606-5371-6

Ⅰ. ① J… Ⅱ. ① 王… Ⅲ. ① JAVA 语言—程序设计—高等职业教育—教材
Ⅳ. ① TP312.8

中国版本图书馆 CIP 数据核字(2019)第 129985 号

策划编辑　高　樱
责任编辑　聂玉霞　阎　彬
出版发行　西安电子科技大学出版社(西安市太白南路 2 号)
电　　话　(029)88242885　88201467　　邮　编　710071
网　　址　www.xduph.com　　　　　　　　电子邮箱　xdupfxb001@163.com
经　　销　新华书店
印刷单位　陕西日报社
版　　次　2019 年 7 月第 1 版　2021 年 3 月第 2 次印刷
开　　本　787 毫米×1092 毫米　1/16　印　张　16.5
字　　数　389 千字
印　　数　3001～6000 册
定　　价　43.00 元

ISBN 978 - 7 - 5606 - 5371 - 6/TP
XDUP 5673001 - 2
如有印装问题可调换

前 言

目前，Java 已经成为面向对象程序设计的主流语言之一，被越来越多的程序开发人员使用。本书以培养读者掌握 Java 面向对象编程的基本能力为主旨，结合作者长期从事 Java 教学与开发的实践经验，以独有的章节安排与知识体系设计，循序渐进地组织教学内容。

本书是依据《中华人民共和国职业教育法》中关于"专科教育应当使学生掌握本专业必备的基础理论、专业知识，具有从事计算机相关专业实际工作的基本技能和初步能力"的指导思想，以及《关于加强高职高专教育人才培养工作的意见》等文件精神，以高职学生知识够用为尺度编写而成的。

全书共 11 章，分别为：Java 程序语言概述、Java 程序设计语法基础、数组与字符串、类和对象、Java 面向对象的特征、Java 中的异常处理、图形用户界面开发与事件处理、Java 的数据库编程基础、Java 中的文件操作、Java 多线程处理机制、学生成绩管理系统的设计与实现。除最后一章外，其他各章都由教学目标、内容讲解、实训和习题四个模块组成，尽量做到把枯燥的理论知识融合到案例中，从而激发学生学习的兴趣和热情。

本书由王贺任主编，孙佳、王石光任副主编。在本书的成稿与出版过程中，西安电子科技大学出版社的编辑及其他相关人员以高度负责的敬业精神，付出了大量的心血。在此，对所有帮助过我们的同志表示衷心的感谢！

由于编者水平有限，书中难免有不妥之处，敬请各位读者与专家批评指正。

本书提供有配套的源代码和习题答案，可登录西安电子科技大学出版社官网(http://www.xduph.com)学习中心下载。

编　者
2019 年 4 月

目 录

第1章 Java 程序语言概述 1
 1.1 Java 简介 1
  1.1.1 Java 语言的发展历史 1
  1.1.2 Java 语言的特点 2
  1.1.3 Java 的三大开发体系 3
 1.2 Java 开发环境的搭建 4
  1.2.1 安装 JDK 4
  1.2.2 配置系统环境变量 7
 1.3 简单 Java 程序的实现 9
  1.3.1 向控制台输入和输出数据 9
  1.3.2 利用记事本编写 Java 程序 ... 11
 1.4 Eclipse 集成开发工具 12
  1.4.1 Eclipse 的下载与安装 12
  1.4.2 Eclipse 的基本使用 14
 实训 1 19
  编辑并运行简单的 Java 程序——
   求矩形面积 19
 习题 1 20

第2章 Java 程序设计语法基础 21
 2.1 Java 语言的组成 21
  2.1.1 标识符 21
  2.1.2 关键字 21
  2.1.3 注释 22
 2.2 基本数据类型 22
  2.2.1 整型数据 23
  2.2.2 浮点型数据 23
  2.2.3 字符型数据 24
  2.2.4 布尔型数据 24
  2.2.5 数据类型的转换 24
 2.3 变量和常量 25
  2.3.1 变量 25
  2.3.2 常量 26

 2.4 运算符和表达式 26
  2.4.1 算术运算符 26
  2.4.2 关系运算符 28
  2.4.3 逻辑运算符 29
  2.4.4 赋值运算符 30
  2.4.5 位运算符 32
  2.4.6 条件运算符 33
  2.4.7 运算符的优先级 34
 2.5 流程控制语句 35
  2.5.1 选择结构 35
  2.5.2 循环结构 41
  2.5.3 跳转语句 46
 实训 2 47
  Java 基本语法 1——自动售货机 47
  Java 基本语法 2——猜数字游戏 49
 习题 2 50

第3章 数组与字符串 53
 3.1 一维数组 53
  3.1.1 一维数组的声明 53
  3.1.2 一维数组的创建 53
  3.1.3 一维数组的访问 54
 3.2 二维数组 56
  3.2.1 二维数组的声明 56
  3.2.2 二维数组的创建 56
  3.2.3 二维数组的访问 57
 3.3 数组的应用 58
 3.4 字符串的应用 60
  3.4.1 String 类 60
  3.4.2 StringBuffer 类 64
 实训 3 67
  数组和字符串的使用 1——
   计算学生成绩 67

数组和字符串的使用 2——
　　　　　将字符串逆序输出 68
　习题 3 70

第 4 章　类和对象 72
4.1　面向对象的基本概念 72
　4.1.1　程序设计语言的发展 72
　4.1.2　面向对象程序设计方法 73
4.2　类的定义和构造方法 74
　4.2.1　类的定义 74
　4.2.2　构造方法 76
4.3　对象的创建 77
　4.3.1　对象的声明和创建 78
　4.3.2　对象的使用 79
4.4　修饰符的使用 82
　4.4.1　类的访问控制修饰符 82
　4.4.2　类成员的访问控制修饰符 82
　4.4.3　static 修饰符的使用 85
4.5　基础类的使用 88
　4.5.1　Math 类的使用 88
　4.5.2　Date 类的使用 89
实训 4 89
　面向对象的概念与 Java 实现 1——
　　　坦克游戏 89
　面向对象的概念与 Java 实现 2——
　　　机动车类 92
习题 4 95

第 5 章　Java 面向对象的特征 97
5.1　封装 97
5.2　继承 98
　5.2.1　继承的实现 98
　5.2.2　子类对象的实例化过程 100
　5.2.3　Super 关键字 103
5.3　抽象类和最终类 108
　5.3.1　抽象类与抽象方法 108
　5.3.2　最终类 110
5.4　多态 110
　5.4.1　方法的覆盖 110

　5.4.2　方法的重载 111
5.5　接口 113
　5.5.1　接口的概念 113
　5.5.2　接口的定义 113
　5.5.3　接口的实现 114
5.6　package 关键字和包 115
　5.6.1　包的概念 115
　5.6.2　包的创建 115
　5.6.3　包的引用 116
实训 5 117
　Java 面向对象的特征 117
习题 5 118

第 6 章　Java 中的异常处理 121
6.1　异常处理机制 121
　6.1.1　异常的概念 121
　6.1.2　异常的捕获 122
　6.1.3　异常类的继承架构 126
6.2　抛出异常 126
　6.2.1　throws 声明异常 126
　6.2.2　throw 抛出异常 127
6.3　编写自己的异常类 128
实训 6 130
　异常处理 130
习题 6 131

第 7 章　图形用户界面开发与事件处理 ... 133
7.1　AWT 简介 133
7.2　Swing 基础 133
　7.2.1　Swing 的类层次结构 134
　7.2.2　Swing 的特点 135
　7.2.3　Swing 程序结构简介 135
7.3　容器 136
　7.3.1　框架窗体 JFrame 136
　7.3.2　面板容器 JPanel 138
7.4　布局管理器 139
　7.4.1　FlowLayout 布局管理器 139
　7.4.2　BorderLayout 布局管理器 140
　7.4.3　BoxLayout 布局管理器 141

| 7.4.4   GridLayout 布局管理器 143
| 7.5   Swing 组件 144
| 7.5.1   按钮(JButton) 144
| 7.5.2   复选框(JCheckBox) 145
| 7.5.3   单选按钮(JRadioButton) 147
| 7.5.4   组合框(JComboBox) 148
| 7.5.5   文本框(JTextField)与
              文本域(JTextArea) 149
| 7.6   事件处理 151
| 7.6.1   事件监听器 152
| 7.6.2   事件适配器 154
| 7.6.3   事件 155
| 实训 7 158
| 图形用户界面设计 1——
         设计一个简单的计算机界面 158
| 图形用户界面设计 2——
         显示文本框输入内容并学会文本框
         等事件的处理方法 160
| 习题 7 162

第 8 章 Java 的数据库编程基础 164
| 8.1   JDBC 概述 164
| 8.1.1   JDBC 功能简介 164
| 8.1.2   JDBC 的数据库访问模型 164
| 8.1.3   JDBC 的 API 介绍 165
| 8.2   应用 JDBC 访问数据库 166
| 8.2.1   加载 JDBC 驱动 167
| 8.2.2   创建数据库连接 171
| 8.2.3   执行查询语句 171
| 8.2.4   处理数据集 172
| 8.2.5   更新数据库操作 173
| 8.2.6   断开与数据库的连接 174
| 8.2.7   应用 JDBC 访问 SQL Server
              数据库 175
| 实训 8 178
| Java 的数据库编程基础 1 178
| Java 的数据库编程基础 2 180
| Java 的数据库编程基础 3 184
| 习题 8 189

第 9 章 Java 中的文件操作 190
| 9.1   I/O 概述 190
| 9.1.1   输入/输出流 190
| 9.1.2   字节流 191
| 9.1.3   字符流 193
| 9.2   文件管理 195
| 9.2.1   文件的概念 195
| 9.2.2   File 类 195
| 9.2.3   File 类的常用方法 196
| 9.3   文件字节流 200
| 9.3.1   FileInputStream 类 200
| 9.3.2   FileOutputStream 类 201
| 9.3.3   FileInputStream 和
              FileOutputStream 的实例.............202
| 9.4   文件字符流 206
| 9.4.1   FileReader 类 206
| 9.4.2   FileWriter 类 207
| 9.4.3   FileReader 类和 FileWriter 类的
              实例 207
| 9.5   文件处理 209
| 9.5.1   顺序访问文件 209
| 9.5.2   随机访问文件 210
| 实训 9 212
| Java 文件处理 1 212
| Java 文件处理 2 213
| Java 文件处理 3 214
| Java 文件处理 4 215
| 习题 9 217

第 10 章 Java 多线程处理机制 219
| 10.1   线程概述 219
| 10.1.1   线程的概念 219
| 10.1.2   Java 中的线程 219
| 10.1.3   使用线程的原因 220
| 10.2   线程创建 220
| 10.2.1   继承 java.lang.Thread 类 220
| 10.2.2   实现 java.lang.Runnable 接口 221
| 10.3   线程的生命周期 222
| 10.3.1   创建和就绪状态 222

10.3.2 运行和阻塞状态 222
10.3.3 线程死亡 222
10.4 线程操作 223
10.4.1 join 线程 223
10.4.2 后台线程 224
10.4.3 线程睡眠 225
10.4.4 线程让步 225
10.4.5 线程优先级 226
10.5 线程同步 227
10.5.1 线程安全问题 227
10.5.2 线程并发演示 227
10.5.3 线程同步方法 229
实训 10 231

基于 Java 的多线程抽奖器 231
习题 10 240

第 11 章 学生成绩管理系统的设计与实现 242

11.1 选题的目的 242
11.2 设计方案论证 242
    11.2.1 设计思路 242
    11.2.2 数据库设计 243
    11.2.3 设计方法 244
    11.2.4 设计结果与分析 246
    11.2.5 示例代码 249

参考文献 256

第 1 章　Java 程序语言概述

教学目标

(1) 了解 Java 及其发展历史；
(2) 掌握 Java 语言的基本特点；
(3) 熟悉 Java 程序设计的过程；
(4) 掌握 Java 开发环境的搭建及 Eclipse 集成开发工具的使用。

1.1　Java 简介

1.1.1　Java 语言的发展历史

Java 语言的历史最早要追溯到 1991 年，Sun 公司成立了一个由 Partrick Naughton 及 James Gosling(见图 1-1)领导的语言开发小组，其目的是为下一代智能家电产品(交互式电视、微波炉、烤面包机等)编写一个通用的控制系统，该项目被命名为"Green 项目"。Sun 公司的成员大多具有 UNIX 的应用背景，所开发的语言多以 C++ 为基础。但是由于这些消费设备的处理能力和内存都有限，并且不同的厂商会选择不同的中央处理器(CPU)，因此这种语言必须满足代码小而紧凑并且与平台无关等特性，所以该项目组最后在 C++ 语言的基础上开发出了一种新的语言。

图 1-1　Java 之父——James Gosling

Gosling 最初把这种语言命名为"Oak"(大概是因为他很喜欢办公室外的一颗茂密的橡树)，后来 Sun 公司的人发现 Oak 已经是另外一个公司已有的计算机语言的名字，于是最后将其改名为 Java，灵感来源于他们常喝的一种咖啡名字，这种咖啡产自于印度尼西亚爪哇岛。也正因如此，Java 的标志就是一杯冒着热气的咖啡。

1994 年中，万维网(World Wide Web，WWW)已如火如荼地发展起来。Gosling 意识到 WWW 需要一个不依赖于任何硬件平台和软件平台的中性浏览器，于是决定用 Java 开发一个新的 Web 浏览器。实际的浏览器是由小组中的 Patrick Naughton 和 Jonathan Payne 完成的，该浏览器就是第一个由 Java 语言编写的网页浏览器 HotJava。HotJava 具有执行网页中的内嵌代码的能力，这一技术在 1995 年 5 月 23 日的 SunWorld 大会上展示，并引起了产业界巨大的轰动，使 Java 成为了一种广为人知的编程语言。

1996 年年初，Sun 公司发布了 JDK 1.0，Java 语言有了第一个正式版本的运行环境。JDK 1.0 提供了一个纯解释执行的 Java 虚拟机实现(Sun Classic VM)。JDK 1.0 的代表技术包括：Java 虚拟机、Applet、AWT 等。

1998 年 12 月，Sun 公司发布了 JDK 1.2，并将 Java 分成了 J2EE(提供了企业应用开发相关的完整解决方案)、J2SE(整个 Java 技术的核心和基础)和 J2ME(主要用于控制移动设备和信息家电等有限存储的设备)三个版本。

2002 年 2 月，Sun 公司发布了 JDK 历史上最为成熟的版本——JDK 1.4。

2004 年 10 月，Sun 公司发布了万众期待的 JDK 1.5。经过多年研究，这个版本添加了泛型类型。另外，该版本受 C#影响还增添了"for each"循环、自动装箱和元数据。

2006 年年末，Sun 公司发布了 JDK 1.6，这个版本没有在语言方面进行改进，但是增强了类库。

2009 年 4 月，随着数据中心越来越依赖硬件而不是专用服务器，Sun 公司最终被 Oracle 收购。被收购后，Java 的研发停滞了一段时间。直到 2011 年 Oracle 发布了 JDK 1.7，但它只在 1.6 版本的基础上做了一些简单的改进。

2014 年 3 月 18 日，Oracle 公司发布了 JDK 1.8，它支持函数式编程、新的 JavaScript 引擎、新的日期 API、新的 Stream API 等。

Java 是一个完整的平台，具有高质量的执行环境以及庞大的类库。也正因为它这种集多种优势于一身的特点，在业界得到了广泛的应用，并且应用的范围也一直在扩大。

1.1.2 Java 语言的特点

Java 的设计者为了解释设计的初衷，编写了颇具影响力的"Java 白皮书"，该白皮书总结了 Java 语言所具有的特点：简单性、面向对象、分布式、解释执行、鲁棒性、安全性、体系结构中立、可移植性、高性能、多线程以及动态性。

1. 简单性

Java 语言是一种面向对象的语言，它通过提供最基本的方法来完成指定的任务，只需理解一些基本的概念，就可以用它编写出适合于各种情况的应用程序。Java 略去了运算符重载、多重继承等模糊的概念，并且通过实现自动垃圾收集大大简化了程序设计者的内存管理工作。另外，Java 也适合于在小型机上运行，它的基本解释器及类的支持只有 40 KB 左右，加上标准类库和线程的支持也只有 215 KB 左右。

2. 面向对象

Java 语言的设计集中于对象及其接口，它提供了简单的类机制以及动态的接口模型。对象中封装了它的状态变量以及相应的方法，实现了模块化和信息隐藏；而类则提供了一类对象的原型，并且通过继承机制，子类可以使用父类所提供的方法，实现代码的复用。

3. 分布式

Java 是面向网络的语言。通过它提供的类库可以处理 TCP/IP 协议，用户可以通过 URL 地址在网络上很方便地访问其他对象。

4．解释执行

Java 解释器直接对 Java 字节码进行解释执行。字节码本身携带了许多编译时信息，使得连接过程更加简单。

5．鲁棒性

Java 在编译和运行程序时，都要对可能出现的问题进行检查，以消除错误的产生。它提供自动垃圾收集来进行内存管理，防止程序员在管理内存时容易产生的错误。通过集成的面向对象的例外处理机制，在编译时 Java 提示可能出现但未被处理的例外，帮助程序员正确地进行选择以防止系统的崩溃。另外，Java 在编译时还可捕获类型声明中的许多常见错误，防止动态运行时不匹配问题的出现。

6．安全性

用于网络、分布环境下的 Java，必须要防止病毒的入侵。Java 不支持指针，一切对内存的访问都必须通过对象的实例变量来实现，这样就防止程序员使用"特洛伊"木马等欺骗手段访问对象的私有成员，同时也避免了指针操作中容易产生的错误。

7．体系结构中立

Java 解释器生成与体系结构无关的字节码指令，只要安装了 Java 运行时系统，Java 程序就可在任意的处理器上运行。这些字节码指令对应于 Java 虚拟机中的表示，Java 解释器得到字节码后，对它进行转换，使之能够在不同的平台上运行。

8．可移植性

与平台无关的特性使 Java 程序可以方便地被移植到网络上的不同机器。同时，Java 的类库中也实现了与不同平台的接口，使这些类库可以移植。另外，Java 编译器是由 Java 语言实现的，Java 运行时系统由标准 C 实现，这使得 Java 系统本身也具有可移植性。

9．高性能

和其他解释执行的语言如 BASIC、TCL 不同，Java 字节码的设计使之能很容易地直接转换成对应于特定 CPU 的机器码，从而得到较高的性能。

10．多线程

多线程机制使应用程序能够并行执行，而且同步机制保证了对共享数据的正确操作。通过使用多线程，程序设计者可以分别用不同的线程完成特定的行为，而不需要采用全局的事件循环机制，这样就很容易地实现网络上的实时交互行为。

11．动态性

Java 的设计使它适合于一个不断发展的环境。在类库中可以自由地加入新的方法和实例变量而不会影响用户程序的执行。并且 Java 通过接口来支持多重继承，使之比严格的类继承具有更灵活的方式和扩展性。

1.1.3 Java 的三大开发体系

Java 平台有三个版本，这使软件开发人员、服务提供商和设备生产商可以针对特定的市场进行开发。

1. Java SE

Java SE(Java Platform，Standard Edition)以前被称为 J2SE。它允许开发和部署在桌面、服务器、嵌入式环境和实时环境中使用的 Java 应用程序。Java SE 包含了支持 Java Web 服务开发的类，并为 Java EE(Java Platform，Enterprise Edition)提供基础。

2. Java EE

Java EE 以前被称为 J2EE。企业版本帮助开发和部署可移植、健壮、可伸缩且安全的服务器端 Java 应用程序。Java EE 是在 Java SE 的基础上构建的，它提供 Web 服务、组件模型、管理和通信 API，可以用来实现企业级的面向服务体系结构(Service-Oriented Architecture，SOA)和 Web 2.0 应用程序。

3. Java ME

Java ME(Java Platform，Micro Edition)以前被称为 J2ME。Java ME 为在移动设备和嵌入式设备(比如手机、PDA、电视机顶盒和打印机)上运行的应用程序提供一个健壮且灵活的环境。Java ME 包括灵活的用户界面、健壮的安全模型、许多内置的网络协议以及对可以动态下载的联网和离线应用程序的丰富支持。基于 Java ME 规范的应用程序只需编写一次，就可以用于许多设备，而且可以利用每个设备的本机功能。

1.2 Java 开发环境的搭建

JDK(Java Development Kit)是 Sun 公司对 Java 开发人员发布的免费软件开发工具包。JDK 是整个 Java 的核心，包括 Java 运行环境、Java 工具和 Java 基础类库。JDK 提供了 Java 的开发编译环境，而 JRE(Java Runtime Environment)提供了 Java 的解释运行环境。也就是说，如果没有 JDK，就无法编译 Java 程序(指 java 源码.java 文件)；如果想只运行 Java 程序(指 class 或 jar 或其他归档文件)，则要确保已安装了相应的 JRE。JDK 与 JRE 的关系如图 1-2 所示。

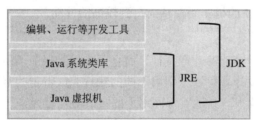

图 1-2 JDK 与 JRE 的关系

Oracle 公司为 Windows/Linux/Mac OS X 等操作系统均提供了 Java 开发工具箱(JDK)的各个版本，想要下载 Java 开发工具箱，可以访问 Oracle 网站。目前，Oracle 公司发布的 JDK 最新版本为 JDK 1.8，本书将以 JDK 1.8 作为软件开发平台。

1.2.1 安装 JDK

1. 下载 JDK

下载 JDK 的网址为 http://www.oracle.com/technetwork/java/javase/downloads/index.html，

可以根据自己计算机的操作系统和硬件环境下载相对应的 JDK 版本。

2．选择相应版本

进入下载页面，在选择版本和下载之前用户首先需要接受协议，然后根据自己的电脑系统选择对应的版本，如图 1-3 所示。接着单击"下一步"按钮进行安装，如图 1-4 所示。

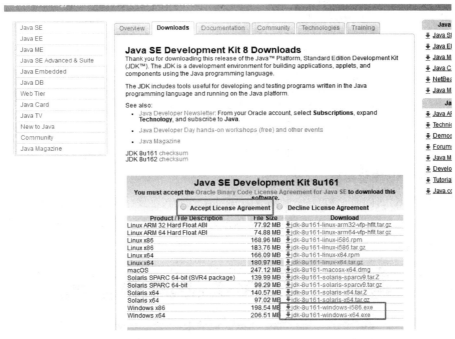

图 1-3　版本界面

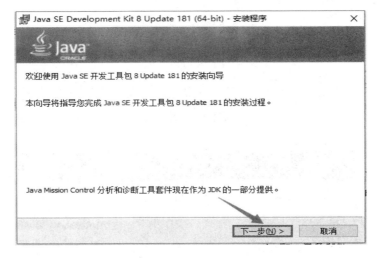

图 1-4　安装界面

3．选择 JDK 安装路径

用户在安装时可以选择要安装的功能，同时可以根据需要选择默认安装路径或者选择修改安装路径。如果需要修改安装路径，则单击"更改"按钮，在弹出的对话框中选择要安装的位置，然后单击"下一步"按钮进行安装。本书采用默认安装路径，如图 1-5 所示。

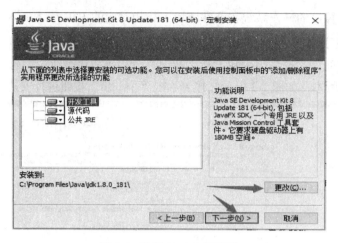

图 1-5 选择 JDK 安装路径

4．选择 JRE 安装路径

在安装 JDK 的同时，程序会自动安装供 Java 程序开发环境使用的 JRE，安装过程如图 1-6 所示。用户可以根据需要选择默认安装路径或者修改安装路径，具体操作如同步骤 3，如图 1-7 所示。

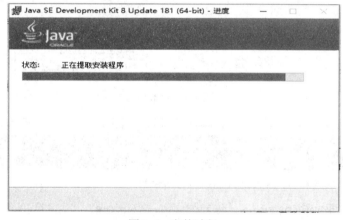

图 1-6 安装过程

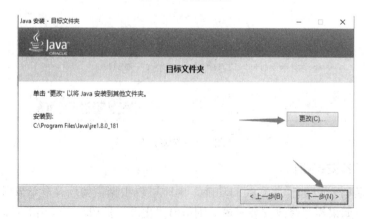

图 1-7 选择 JRE 安装路径

安装完成的界面如图 1-8 所示。

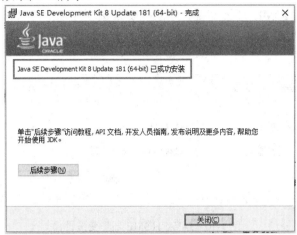

图 1-8　安装完成界面

1.2.2　配置系统环境变量

JDK 安装完成后，需要对系统环境变量做一些必要的配置，才能执行 Java 程序。编写 Java 程序需要的基本环境变量有三个，分别是 JAVA_HOME、Path 和 CLASSPATH。JAVA_HOME 环境变量为 JDK 安装目录(/jdk)；Path 环境变量用来指明 JDK 命令文件所在的位置(/bin)；CLASSPATH 是给 Java 编译器和 Java 虚拟机使用的，用来指明 JDK 类库文件所在的位置(/lib)。具体操作步骤如下：

(1) 右键单击"我的电脑"→"属性"→"高级系统设置"，就会看到如图 1-9 所示的界面。

图 1-9　高级系统设置界面

(2) 单击"环境变量"按钮,开始配置环境变量。

① 配置 JAVA_HOME 环境变量。在系统变量选项区中单击"新建"按钮,变量名为"JAVA_HOME"(代表 JDK 安装路径),变量值为"D:\Java\jdk1.8.0_161",即 JDK 的安装路径,如图 1-10 所示。

图 1-10 JAVA_HOME 环境变量设置

注意:变量值后不需要加任何符号。

② 配置 Path 环境变量。在系统变量中查找 Path 变量,如果存在,则将 JDK 安装目录下的 bin 文件夹的安装路径添加其后,多个目录以分号隔开,如图 1-11 所示。如果不存在则新建一个,然后将 bin 目录放进去即可。

图 1-11 在 Path 变量中添加 Java bin 目录

③ 配置 CLASSPATH 环境变量。如果同一台计算机上安装了多个版本的 JDK,则需要配置 CLASSPATH 环境变量,点击"新建"按钮,变量名为"CLASSPATH",变量值为".;D:\Java\jdk1.8.0_161\lib",即 lib 文件夹的安装路径。其中"."表示当前目录,不同变量值之间用";"分隔,如图 1-12 所示。

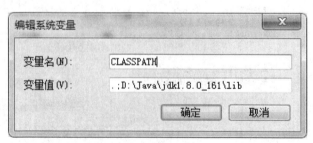

图 1-12 在 CLASSPATH 变量中添加 Java bin 目录

④ 验证配置是否成功。单击"开始"→"运行",输入 cmd,如图 1-13 所示,单击"确定"按钮,打开命令行窗口。

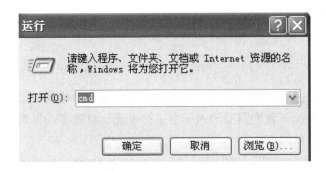

图 1-13　打开命令行窗口的命令

在命令行窗口中输入"java –version"命令,显示安装的 Java 版本信息,如图 1-14 所示,则表明 Java JDK、JRE 安装成功。

图 1-14　执行 java –version 命令

1.3　简单 Java 程序的实现

1.3.1　向控制台输入和输出数据

程序执行过程中,经常需要向程序中输入或由程序向外输出数据,通过控制台输入和输出数据是最为常用的一种方式。Java 系统定义了 System.in 和 System.out 两个流对象,分别对应控制台的输入和输出,它们位于 Java 语言的类库包 java.lang 中。

1.向控制台输入数据

可以使用标准输入串 System.in 通过控制台向程序中输入数据,如使用 System.in.read() 一次可以读入一个字节的数据,该方法返回的是一个整数,具体用法如以下程序片段:

```
...
char read = '0';
System.out.println("输入数据：");
try {
    read = (char) System.in.read();    //程序执行到此会停止,直到输入相应数据之后
                                        //程序会继续执行下去
}catch(Exception e){
```

```
            e.printStackTrace();
        }
        System.out.println("输入数据："+read);
        …
```

使用 System.in.read()方法虽然可以通过控制台向程序中输入数据，但是每次只能输入单个字符，而多数情况下我们需要输入一个字符串或一组数字，显然该方法不能满足这一要求，因此需要寻找新的方法。

JDK 1.5 之后，Java 提供了新的数据输入类——Scanner，可以使用 Scanner 类创建一个对象：

    Scanner reader=new Scanner(System.in);

reader 对象调用下列方法，读取用户在命令行输入的各种基本类型数据：

    nextBoolean()   //对应布尔类型
    nextByte()、nextShort()、nextInt()、nextLong() //对应整型数据
    nextFloat()、nextDouble()   //对应浮点型数据

也可以通过 nextLine()方法读取一行数据，具体用法见例 1-1。

【例 1-1】 通过 nextLine()方法读取一行数据。

```
        public class ScannerTest{
            public static void main(String args[])
            {
                System.out.print("输入");
                Scanner scan = new Scanner(System.in);
                String read = scan.nextLine();
                System.out.println("输入数据："+read);
            }
        }
```

执行结果为：

    输入 Helloworld! (回车)

    输入数据：Helloworld!

上述方法执行过程中都会发生阻塞，程序等待用户在命令行输入数据回车确认后才会继续执行。

2．向控制台输出数据

用 System.out.println()或 System.out.print()可以向控制台输出串值、表达式的值，二者的区别是前者输出数据后换行，后者不换行。

允许使用连接符"+"将变量、表达式或一个常数值与一个字符串并置一起输出，例如：

    System.out.println(m+"个数的和为"+sum);

    System.out.println(":"+123+"大于"+122);

JDK 1.5 之后新增了 printf()方法输出数据，该方法的使用格式是 System.out.printf("格式控制符"，表达式1，表达式2，…表达式n)，其中"格式控制符"包括%d、%c、%f、%s和普通字符，普通字符输出时不发生改变，格式符用来输出其所对应的表达式的值。

以上介绍了向控制台输入和输出数据的具体方法，可以根据具体情况选择合适的方法。

1.3.2 利用记事本编写 Java 程序

在配置完 JDK 后，就可以通过记事本或各类文本编辑软件进行 Java 程序的开发了，当然也可以通过各类集成开发环境，建议初学者从命令行学起，以便更好地理解 Java 代码的编译及执行的过程。

一般来讲，创建一个 Java 程序的过程如下：

第一步，编写 Java 源程序。由于 JDK 没有提供专门的编辑工具，所以可以通过任意文本编辑器编写 Java 源代码，例如记事本、notepad 等。程序编辑完成后保存文件，然后将文件的扩展名改为 ".java"。

第二步，编译源程序。在命令行窗口中首先找到编写的 Java 源程序的目录，然后通过 Javac 命令进行编译，将其编译成 Java 虚拟机能够识别的字节码文件，以 ".class" 作为文件扩展名。

第三步，调试运行程序。生成字节码文件后，通过 Java 命令对 ".class" 文件进行解释读取并翻译成计算机能执行的代码，执行完成后，查看执行结果。如果程序有编译错误或者逻辑错误，则需要通过提示来修改程序并纠正错误，然后重新进行编译、运行。

Java 程序的编译及执行过程如图 1-15 所示。

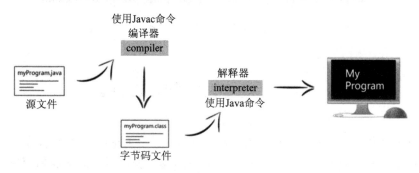

图 1-15　程序编译及执行过程

例如在显示器上输出 "Hello World!" 的步骤如下：

(1) 使用记事本编写程序，如图 1-16 所示。

图 1-16　使用记事本编写程序

本书将编写完的程序保存到 D:\workspace 目录下，文件名为 HelloWorld。注意，文件名必须与程序中定义的类名相同，大小写一致，程序的格式要具有层次性，并将文件的扩展名改为".java"。

(2) 编译程序生成字节码文件。使用 Javac 命令编译 HelloWorld.java 文件，并生成 HelloWorld.class 字节码文件。

(3) 运行 Java 程序。使用 Java 命令解释执行 HelloWorld.class 文件，在屏幕上显示"Hello World！"字符串，如图 1-17 所示。

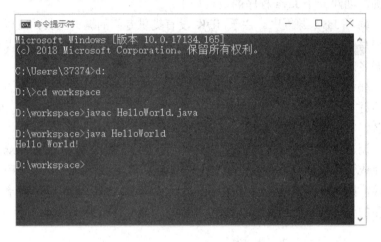

图 1-17　程序运行结果

1.4　Eclipse 集成开发工具

集成开发环境(Integrated Development Environment，IDE)是一类将程序开发环境和程序调试环境集合在一起的应用程序，包括代码编辑器、编译器、调试器和图形用户界面工具等，能够提高开发效率。常用的 Java 集成开发环境有很多，如 Eclispe、NetBeans、JCreator、JBuilder 等，用户可以根据需要进行选择。本书使用 Eclispe 集成开发环境作为蓝本进行讲解，接下来将介绍 Eclispe 集成开发环境的安装和调试过程。

1.4.1　Eclipse 的下载与安装

Eclipse 是一个基于 Java 的、开放源码的、可扩展的应用开发平台，它为编程人员提供了一流的 Java 集成开发环境(IDE)，可以从网站 https://www.eclipse.org 上免费下载。该开发环境拥有多个下载版本，可以适用于 Linux、Mac OS X、Windows、Solaris 操作系统，用户可以根据自身需要下载不同的版本。

Eclispe 下载与安装步骤如下：

(1) 输入网址 https://www.eclipse.org，进入主页，单击右上角的 Download 按钮，进入下载页面，如图 1-18 所示。

图 1-18　进入 Eclipse 主页

(2) 单击 Downloade Packages 按钮，如图 1-19 所示。

图 1-19　进入下载页面

(3) 根据电脑配置，选择 32 位或者 64 位，如图 1-20 所示。

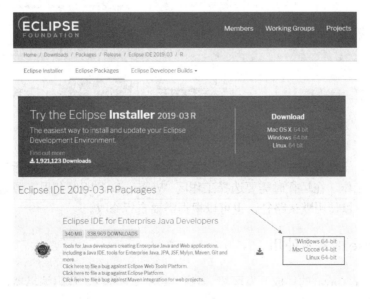

图 1-20　选择相应版本

(4) 单击 DOWNLOAD 按钮，如图 1-21 所示。

图 1-21　下载界面

(5) 用户可以根据需要选择要安装的路径，单击"下载"按钮，如图 1-22 所示。

图 1-22　选择安装路径

(6) Eclipse 下载完成后无需安装直接运行，将该文件直接解压缩到指定的安装目录下即完成了安装工作。在运行时需要选择工作区 Workspace，即保存程序源码和字节码文件的目录。用户可以使用默认路径，也可以根据需要自行修改。

1.4.2　Eclipse 的基本使用

Eclipse 作为 Java 的集成开发环境，包括菜单、工具栏、代码编辑器、项目资源管理器、大纲以及各种观察窗口等，如图 1-23 所示。

第 1 章　Java 程序语言概述

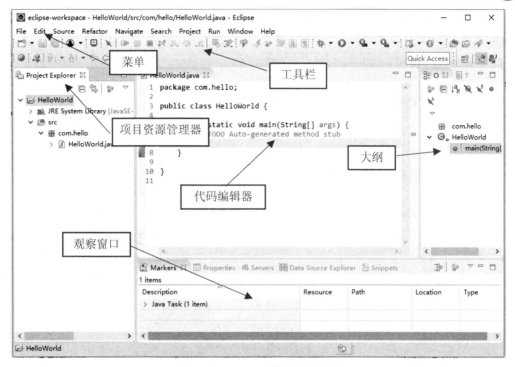

图 1-23　Eclipse 程序编写界面

创建 Java 应用程序的步骤如下：

1．新建 Java 项目

（1）启动 Eclipse，选择项目存储的路径，进入主界面后，从菜单选择 File→New→Project。

（2）从对话框中选择 Java Project，如图 1-24 所示，然后单击 Next 按钮。

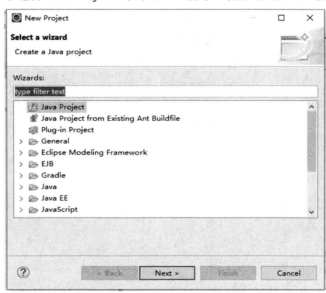

图 1-24　新建 Java 项目

15

(3) 在新弹出的对话框中，在 Project Name 文本框的位置输入类名 HelloWorld，单击 Finish 按钮，如图 1-25 所示。

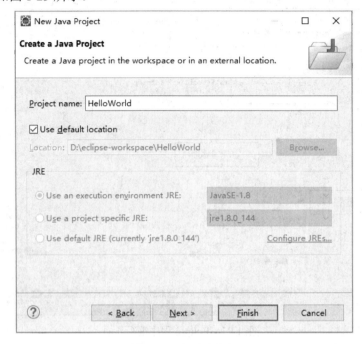

图 1-25　为项目命名

2．新建 Java 程序

(1) 在创建的项目 HelloWorld 上单击右键，选择 New→Class，新建 Java 类，如图 1-26 所示。

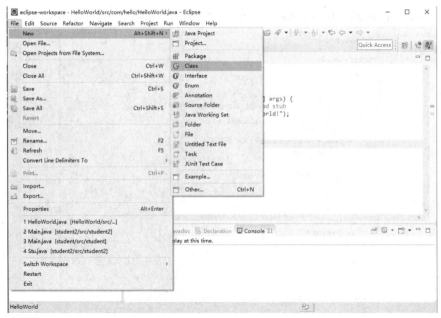

图 1-26　新建 Class

(2) 在新弹出的对话框中,在 Package 文本框的位置输入包名,Java 包的名字都是由小写单词组成的。在最新的 Java 编程规范中,要求程序员在自己定义的包的名称之前加上唯一的前缀。由于互联网上的域名称是不会重复的,所以程序员一般采用自己在互联网上的域名称作为自己程序包的唯一前缀。在 Name 文本框中输入类名 HelloWorld,首字母大写(多词的都是首字母大写)。选中加入 Main 方法的复选框,如图 1-27 所示。

图 1-27 为 Class 命名

(3) 单击 Finish 按钮,在 HelloWorld 项目中生成 HelloWorld.java 文件,如图 1-28 所示。

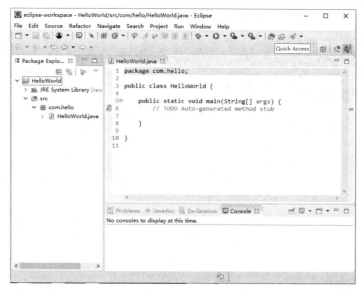

图 1-28 程序编写界面

3. 运行 Java 程序

(1) 在代码编辑器中写入如下代码：

```
package com.hello;
publicclass HelloWorld {
    publicstaticvoid main(String[] args) {
        System.out.println("Hello World!");
    }
}
```

(2) 在项目资源管理器中右键单击 HelloWorld 项目，在弹出的快捷菜单中选择 Run As→Java Application，如图 1-29 所示。或者单击工具栏上的快捷图标，如图 1-30 所示。

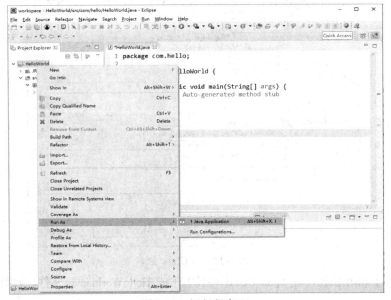

图 1-29　运行程序(1)

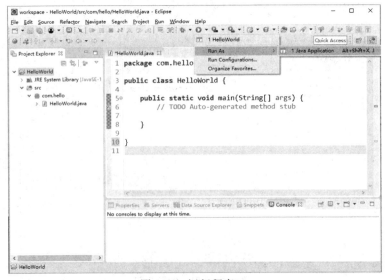

图 1-30　运行程序(2)

(3) 程序运行结果如图 1-31 所示。

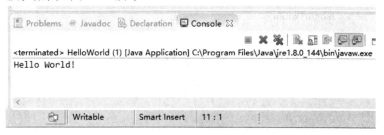

图 1-31　程序运行结果

实　训　1

编辑并运行简单的 Java 程序——求矩形面积

实现功能：

编写 Java 程序，输入矩形的长和宽，求矩形面积，并输出结果。

(1) 使用记事本输入程序，然后在 DOS 命令窗口中使用 Javac 和 Java 命令进行编译和解释，并输出结果。

(2) 在 Eclipse 中新建项目，项目名称为 Test1，在新建的项目中新建类 Test1.java，在代码编辑器中将程序编辑完成后，解释运行该程序。

运行结果：

程序运行结果如图 1-32 所示。

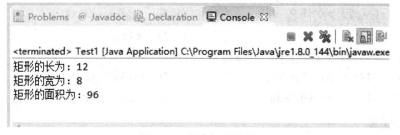

图 1-32　程序运行结果

参考代码：

```java
public class Test1 {
    public static void main(String[] args) {
        int length = 12;              //定义矩形的长度
        int width = 8;                //定义矩形的宽度
        int area;                     //定义矩形的面积
        //打印输出矩形的长度、宽度字符串
        System.out.println("矩形的长度为: " + length);
        System.out.println("矩形的宽度为: " + width);
```

```
        //计算矩形的面积
        area = length*width;
        //打印输出矩形的面积
        System.out.println("矩形的面积为: " + area);
    }
}
```

习 题 1

一、选择题

1．Java 语言具有的特点是(　　)。
　　A．面向对象　　　　B．跨平台　　　　C．安全　　　　D．以上都正确
2．Java 语言的跨平台机制是由(　　)实现的。
　　A．Java IDE　　　　B．JVM　　　　　C．html　　　　D．GC
3．Java 源程序文件经过编译后产生的字节码文件的扩展名是(　　)。
　　A．exe　　　　　　B．java　　　　　C．class　　　　D．html
4．Java 编译器会将 Java 源程序转换为(　　)。
　　A．可执行代码　　　B．字节码　　　　C．机器代码　　　D．以上都不正确
5．JDK 安装成功后，(　　)目录用于存放 Java 开发所需要的类库。
　　A．lib　　　　　　 B．bin　　　　　　C．demo　　　　D．jre
6．编译 Java 程序后生成的面向 JVM 的字节码文件的扩展名是(　　)。
　　A．.java 程序文件名　　　　　　　　　B．.class
　　C．.obj　　　　　　　　　　　　　　D．.exe
7．Java SE 的命令文件(java、javac、javadoc 等)所在目录是(　　)。
　　A．%JAVA_HOME%\jre　　　　　　　B．%JAVA_HOME%\lib
　　C．%JAVA_HOME%\bin　　　　　　　D．%JAVA_HOME%\demo

二、简答题

1．Java 语言有哪些特点？
2．简述 Java 程序的开发过程。
3．举例说明 Java 平台三个版本的不同应用场合。
4．安装 JDK 后如何对 JAVA_HOME、PATH 和 CLASSPATH 环境变量进行设置？它们的作用是什么？

三、编程题

1．参照本章相关例题，利用记事本编写一个程序，在屏幕上输出"I love Java！"。
2．通过 Eclipse 编写求圆形面积的程序。

第 2 章　Java 程序设计语法基础

教学目标

(1) 了解 Java 的标识符和关键字；
(2) 熟悉几种基本数据类型及数据类型的转换；
(3) 掌握变量和常量；
(4) 掌握运算符和表达式；
(5) 重点掌握流程控制语句。

2.1　Java 语言的组成

2.1.1　标识符

标识符就是用于 Java 程序中常量、变量、类、方法等命名的符号。使用标识符时，需要遵守以下几条规则：

(1) 标识符可以由字母、数字、下划线(_)和美元符($)组成，但是不能包含@、%、空格等其他的特殊符号，不能以数字开头。例如：123name 就是不合法的标识符。

(2) 标识符不能是 Java 关键字和保留字(Java 预留的关键字，或者以后升级版本中有可能作为关键字)，但可以包含关键字和保留字。例如：不可以使用 void 作为标识符，但是可以使用 Myvoid。

(3) 标识符严格区分大小写，所以 number 和 Number 是两个不同的标识符。

(4) 标识符的命名最好能反映出其作用，做到见名知意。

例如：openOn、day_24_hours、x、value 是合法的标识符，24_hours、day-24-hours、int、value# 是非法的标识符。

2.1.2　关键字

Java 语言中有一些具有特殊用途的词被称为关键字，但不能当作一般的标识符使用。Java 关键字均用小写字母表示。表 2-1 列出了 Java 语言中常用的关键字。

表 2-1 Java 关键字

abstract	boolean	break	byte	case	catch
char	class	continue	default	do	double
else	extends	false	final	finally	float
for	if	implements	import	instanceof	int
interface	long	native	new	null	package
private	protected	public	return	short	static
super	switch	synchronized	this	throw	throws
transient	true	try	void	volatile	while

2.1.3 注释

在程序的编写过程中，程序员通常会添加一些注释信息，从而提高程序的可读性。注释的内容不会被执行，因此可以在程序中根据需要添加任意多的注释信息，但是注释应仅包含与阅读程序有关的信息。Java 语言中有三种注释方法：

1．单行注释符//

单行注释是最常用的注释，通常用于注释可以显示在一行内的文本，注释内容从//开始到本行结尾。例如：

    System.out.println("Hello World!");　　//输出打印 Hello World 字符串

2．多行注释符 /* … */

多行注释以"/*"为开头，以"*/"为结尾，中间内容为注释的内容。该注释符既可以用于多行注释，也可以用于单行注释。例如：

    /* 这是多行注释

    这是多行注释 */

3．文档注释符 / … */**

文档注释以"/**"开头以"*/"结尾，注释中包含一些说明性的文字及一些 JavaDoc 标签，后期可以用来自动生成文档。

例如：

    /**

    * 这个类演示了文档注释

    * @author XXX

    * @version 1.2

    */

2.2 基本数据类型

Java 是一种强类型的语言，也就是说，必须为每一个变量声明一种类型。Java 的数据类型可以分为基本数据类型和引用数据类型,如图 2-1 所示,本节主要介绍基本数据类型。

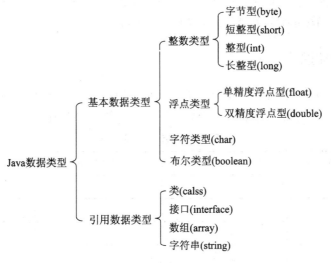

图 2-1　Java 数据类型的组成

2.2.1　整型数据

整型数据表示没有小数部分的数值,可以用十进制、八进制和十六进制表示,一般情况下使用十进制表示,并且它允许是负数。例如 12、–9、270 等。长整型数值在尾部加一个后缀 L,十六进制数加前缀 0x(例如 0x12 表示 18),八进制数加前缀 0(例如 010 表示 8)。从 Java7 开始,加上前缀 0b 就表示二进制数(例如 0b10 表示 2)。Java 有四种整型,具体内容如表 2-2 表示。

表 2-2　整型数值

类　型	存储需求	取值范围
byte	1 字节	$-2^{7} \sim 2^{7}-1$
short	2 字节	$-2^{15} \sim 2^{15}-1$
int	4 字节	$-2^{31} \sim 2^{31}-1$
long	8 字节	$-2^{63} \sim 2^{63}-1$

2.2.2　浮点型数据

浮点型数据表示有小数部分的数值。在 Java 中有两种浮点类型,其中 float 表示单精度,double 表示双精度,具体内容如表 2-3 所示。

表 2-3　浮点型数值

类　型	存储需求	取值范围
float	1 字节	$-2^{7} \sim 2^{7}-1$
double	2 字节	$-2^{15} \sim 2^{15}-1$

double 表示的数值精度是 float 类型的两倍，大部分应用程序都采用 double 类型。float 类型的数值需要在尾部加后缀 f 或 F，例如 1.23f。没有后缀的浮点数值(如 1.23)默认为 double 类型，当然也可以在数值尾部加后缀 D(如 1.23D)。

2.2.3 字符型数据

Java 语言中，char 用来表示单个字符，字符型数据必须用单引号括起来，例如 'a'、'A' 等。Java 中还有一些用于表示特殊字符的转义字符，如表 2-4 所示。

表 2-4 转 义 字 符

转义字符	名　称	转义字符	名　称
\b	退格	\"	双引号
\t	制表	\'	单引号
\n	换行	\\	反斜杠
\r	回车		

2.2.4 布尔型数据

布尔型(boolean)包括两个值，即 false(假)和 true(真)，常用于程序的比较和流程控制。

2.2.5 数据类型的转换

在运行程序时，经常需要将一种类型的数据转换为另一种类型的数据，Java 语言提供了这种数据类型相互转换的机制。数据类型的转换分为两种：自动类型转换和强制类型转换。

1．自动类型转换

数据类型可以由低字节向高字节进行自动转换，不会损失数据精度。自动类型转换规则如图 2-2 所示。

byte → short → int → long → float → double

图 2-2 自动类型转换规则

例如：

　　int a = 5;
　　double b = 16.5;
　　double c = a + b;

在上述代码中，在运行时首先把 a 自动转换为 double 类型，然后与 b 相加，最后赋值给 c。

2．强制类型转换

当高字节数据转换为低字节数据时，就需要用到强制类型转换，转换后可能导致数据丢失精度。强制类型转换的语法格式是在括号中给出将要转换的目标类型，后面紧跟待转换的变量名。

强制类型转换的语法格式如下：

(数据类型)变量名

例如：

double a = 15.5;

int b = (int)a;

System.out.println(a);

System.out.println(b);

在上述代码中，a 是 double 类型，赋值给 b 的时候必须强制转换为 int 类型。

2.3 变量和常量

2.3.1 变量

变量是 Java 程序中的基本存储单元，是内存中的一块空间，能够存放数据和信息。它的定义包括变量名、变量类型和作用域几个部分。

1．变量的命名规范

变量名可以由字母、数字、下划线(_)、美元符($)组成，但是不能以数字开头，如图 2-3 所示。

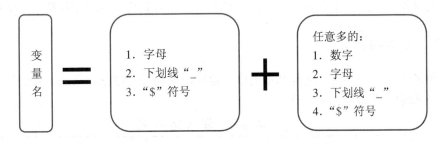

图 2-3　变量的命名规范

变量的命名一般有以下习惯：

(1) 驼峰法，即第一个单词首字母小写，其后单词首字母大写，如 myName。

(2) 尽量简短且清楚，见名知意，如 stuName "学生姓名"。

(3) 长度没有限制，但区分大小写，如 price 和 Price 是两个不同的变量。

2．变量的初始化

Java 语言规定，变量在使用前必须先声明，包括声明变量的类型、名称，还可以为其赋初值。声明变量的语法格式如下：

类型　变量名　[=初始值]

例如：

```
int i;
char a = 'A';
double number = 15;
```

如果声明的几个变量属于同一类型,那么可以一起声明,变量之间用逗号","隔开。
例如:

```
int a, b, c;
```

2.3.2 常量

常量是指在程序上始终保持不变的量。也就是说,一旦被赋值,就不能再更改了。习惯上,常量名使用大写字母,用关键字 final 修饰。声明常量的语法格式如下:

  final 数据类型 常量名 = 值

例如:

```
final double PI = 3.1415;
final String COURSE = "Java"
```

在程序中,如果某个值需要被重复使用多次,就可以将其设置为常量。一方面可以省去重复输入同一个数值的麻烦,另一方面当这个值需要修改时,只需要修改一次。

2.4 运算符和表达式

运算符是一种"功能"符号,Java 程序是通过运算符实现数据的处理。Java 中提供了多种运算符,包括算术运算符、赋值运算符、比较运算符、逻辑运算符、位运算符等。

2.4.1 算术运算符

算术运算符主要用于进行基本的算术运算,如加法、减法、乘法、除法等。Java 中常用的算术运算符如表 2-5 所示。

表 2-5 算术运算符

算术运算符	名 称	举 例
+	加	15+7=22
-	减、取反	15-7=8
*	乘	15*7=105
/	除	15/7=2
%	取余	15%7=1
++	自增 1	int i=7; i++
--	自减 1	int i=7; i--

需要说明的是:

(1)"+"、"-"、"*"、"/"实现的是数值的加、减、乘、除四则运算。其中"-"还可以用作单个操作数的取反标识。

(2)除法运算符"/"左右两边的操作数均为整型时,则结果也为整型,舍弃小数部分。如果两个操作数有一方为浮点型,则结果也为浮点型。

(3)"%"是取两个操作数相除的余数,也称为"取模运算符"。它的两个操作数都必须为整数。

【例2-1】 算术运算符的程序实例。

```java
public class Test {
    public static void main(String[] args) {
        int age1 = 24;
        int age2 = 18;
        int age3 = 36;
        int age4 = 27;
        int sum = age1+age2+age3+age4;
        double avg = sum/4;
        int minus = age1-age2;
        int newAge = --age1;
        System.out.println("年龄总和: " + sum);
        System.out.println("平均年龄: " + avg);
        System.out.println("年龄差值: " + minus);
        System.out.println("自减后的年龄: " + newAge);
    }
}
```

程序运行结果如图2-4所示。

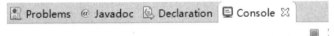

```
<terminated> Test1 [Java Application] C:\Program Files\Java\jre1.8.
年龄总和: 105
平均年龄: 26.0
年龄差值: 6
自减后的年龄: 23
```

图2-4 程序运行结果

自增"++"和自减"--"是针对变量进行的操作,不能直接用于操作数值或常量。自增是变量的值加1,自减是变量的值减1。例如:

++i 或 i++ 相当于 i=i+1;

--i 或 i-- 相当于 i=i-1;

虽然"++"和"--"既可以出现在操作数的左边,也可以出现在右边,但是结果是不同的。"++i"/"--i"表示"i 先自增/自减,再被引用",而"i++"/"i--"表示"i 先被引用,再进行自增/自减"。

【例 2-2】 “++”在操作数左边的程序实例。

```
public class Test {
    public static void main(String[] args) {
        int a = 7;
        int b = ++a;                          // ++出现在左边
        System.out.println("a: "+a);          // a 先自增，再赋值给变量 b
        System.out.println("b: "+b);
    }
}
```

程序运行结果如图 2-5 所示。

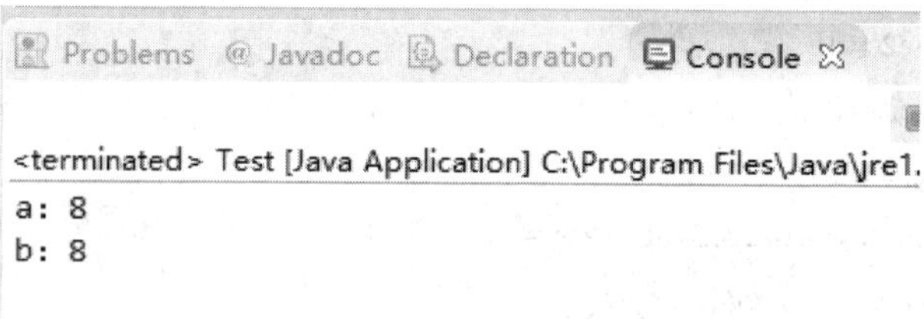
Problems @ Javadoc Declaration Console
<terminated> Test [Java Application] C:\Program Files\Java\jre1.
a: 8
b: 8

图 2-5 程序运行结果

【例 2-3】 “++”在操作数右边的程序实例。

```
public class Test {
    public static void main(String[] args) {
        int a = 7;
        int b = a++;                          // ++出现在右边
        System.out.println("a: "+a);          // a 先赋值给变量 b，然后再自增
        System.out.println("b: "+b);
    }
}
```

程序运行结果如图 2-6 所示。

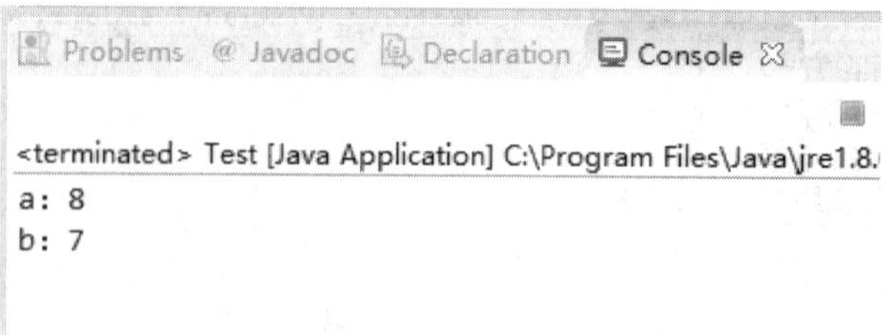
Problems @ Javadoc Declaration Console
<terminated> Test [Java Application] C:\Program Files\Java\jre1.8.
a: 8
b: 7

图 2-6 程序运行结果

2.4.2 关系运算符

关系运算符也称为比较运算符，用于判断两个数据的大小。例如：大于、等于、不等于的比较结果是一个布尔值(true 或 false)。

Java 中常用的关系运算符如表 2-6 所示。

第 2 章 Java程序设计语法基础

表 2-6 关系运算符

关系运算符	名 称	举 例	结 果
>	大于	a=7; b=5; a>b;	true
<	小于	a=7; b=5; a<b;	false
>=	大于等于	a=7; a>=5;	true
<=	小于等于	a=7; b=5; a<=b;	false
==	等于	a=7; b=5; a==b;	false
!=	不等于	a=7; b=5; a!=b;	true

注意：

(1) ">"、"<"、">="、"<="只支持左右两边的操作数为数值类型。

(2) "=="、"！="两边的操作数既可以是数值类型，也可以是引用类型。

【例2-4】 关系运算符的程序实例。

```
public class Test {
    public static void main(String[] args) {
        int a = 16;
        double b = 9.5;
        String str1 = "hello";
        String str2 = "world";
        System.out.println("a 等于 b: " + (a == b));
        System.out.println("a 大于 b: " + (a >  b));
        System.out.println("a 小于等于 b: " + (a <= b));
        System.out.println("str1 等于 str2: " + (str1 == str2));
    }
}
```

程序运行结果如图2-7所示。

图 2-7 程序运行结果

2.4.3 逻辑运算符

逻辑运算符主要用于进行逻辑运算，Java中常用的逻辑运算符如表2-7所示。

29

表 2-7 逻辑运算符

逻辑运算符	名 称	举 例	结 果
& 或 &&	与	a&b 或 a&&b	如果 a 与 b 都为 true，则返回 true
| 或 ||	或	a|b 或 a||b	如果 a 与 b 任一为 true，则返回 true
!	非	!a	如果 a 为 false，则返回 true，即取反
^	异或	a^b	如果 a 与 b 有且只有一个为 true，则返回 true

注意："&"和"&&"都执行的是"与"运算，"|"和"||"都执行的是"或"操作。不同之处在于"&"和"|"在执行操作时，运算符左右两边的表达式首先被执行，然后再对结果进行与、或的运算。

"&&"和"||"在执行操作时，如果从左边的表达式中得到的操作数能确定运算结果，则不再对右边的表达式进行运算，从而提高运算速度。

【例 2-5】 a、b、c、d 四个人投票，根据代码分析运行结果。

```
public class Test {
    public static void main(String[] args) {
        boolean a = true;          // a 同意
        boolean b = false;         // b 反对
        boolean c = false;         // c 反对
        boolean d = true;          // d 同意
        System.out.println("a && b: "+(a && b));
        System.out.println("a || b: "+(a || b));
        System.out.println("!a: "+(!a));
        System.out.println("c ^ d: "+(c ^ d));
    }
}
```

程序运行结果如图 2-8 所示。

```
<terminated> Test [Java Application] C:\Program Files\Java\jre
a && b: false
a || b: true
!a: false
c ^ d: true
```

图 2-8 程序运行结果

2.4.4 赋值运算符

赋值运算符是指为变量或常量指定数值的符号。比如说可以使用"="将右边的表达式结果赋值给左边的操作数。Java 支持的常用赋值运算符如表 2-8 所示。

表2-8 赋值运算符

赋值运算符	名　　称	举　　例
=	赋值	a=7 是把 7 赋值给 a
+=	加等于	a+=b 等价于 a=a+b
-=	减等于	a-=b 等价于 a=a-b
*=	乘等于	a*=b 等价于 a=a*b
/=	除等于	a/=b 等价于 a=a/b
%=	模等于	a%=b 等价于 a=a%b

【例2-6】 赋值运算符的程序实例。

```
public class Test {
    public static void main(String[] args) {
        int a = 10 ;
        int b = 20 ;
        int c = 0 ;
        c = a+b;
        System.out.println("c = a + b ==>"+c);
        c+=a;
        System.out.println("c += a ==>"+c);
        c-=a;
        System.out.println("c -= a ==>"+c);
        c*=a;
        System.out.println("c *= a ==>"+c);
        c/=a;
        System.out.println("c /= a ==>"+c);
        c%=a;
        System.out.println("c %= a ==>"+c);
    }
}
```

程序运行结果如图 2-9 所示。

```
<terminated> Test [Java Application] C:\Program Files\Java\jre1.8.0_144'
c = a + b ==>30
c += a ==>40
c -= a ==>30
c *= a ==>300
c /= a ==>30
c %= a ==>0
```

图 2-9　程序运行结果

2.4.5 位运算符

Java 定义了位运算符，应用于整数类型(int)、长整型(long)、短整型(short)、字符型(char)、字节型(byte)等类型。位运算符主要用于二进制位的运算，并且按位运算。位运算符的基本运算如表 2-9 所示。

例如，A=12，B=5，它们的二进制表示如下：
　　A = 0000 1100
　　B = 0000 0101

表 2-9　位运算符的基本运算

位运算符	名　称	描　　述	举　　例
&	按位与	如果相对应位都是 1，则结果为 1，否则为 0	(A&B) = 0000 0100，即 4
|	按位或	如果相对应位都是 0，则结果为 0，否则为 1	(A|B) = 0000 1101，即 13
^	按位异或	如果相对应位值相同，则结果为 0，否则为 1	(A^B) = 0000 1001，即 9
~	按位取反	按位取反运算符翻转操作数的每一位，即 0 变成 1，1 变成 0	(~A) = 1111 0011，即-13
<<	位左移运算	按位左移运算符。左操作数按位左移右操作数指定的位数	(A<<2) = 0011 0000，即 48
>>	位右移运算	按位右移运算符。左操作数按位右移右操作数指定的位数	(A>>2) = 0000 0011，即 3
>>>	不带符号的右移运算	按位右移补零操作符。左操作数的值按右操作数指定的位数右移，移动得到的空位以零填充	(A>>>1) = 0000 0110，即 6

【例 2-7】 位运算符的程序实例。
```
public class Test {
    public static void main(String[] args) {
        int a = 12;
        int b = 5;
        int c = 0;
        c = a & b;
        System.out.println("a & b = " + c );
        c = a | b;
        System.out.println("a | b = " + c );
        c = a ^ b;
```

```
            System.out.println("a ^ b = " + c );
            c = ~a;
            System.out.println("~a = " + c );
            c = a << 2;
            System.out.println("a << 2 = " + c );
            c = a >> 2;
            System.out.println("a >> 2  = " + c );
            c = a >>> 1;
            System.out.println("a >>> 2 = " + c );
        }
    }
```

程序运行结果如图 2-10 所示。

```
a & b = 4
a | b = 13
a ^ b = 9
~a = -13
a << 2 = 48
a >> 2  = 3
a >>> 2 = 6
```

图 2-10 程序运行结果

2.4.6 条件运算符

条件运算符(?:)也称为三元运算符，它的语法格式如下：

  布尔表达式？表达式 1：表达式 2

运算过程：如果布尔表达式的值为 true，则返回"表达式 1"的值；如果值为 false，则返回"表达式 2"的值。例如：

  String example = (7>9)?"7 大于 9":"7 不大于 9"

  System.out.println(example);

在上述例子中，表达式 7 > 9 的值显然为 false，所以返回表达式 2 的值，即"7 不大于 9"。

【例 2-8】 条件运算符的程序实例。

```
    public class Test {
        public static void main(String[] args) {
            int score = 68;
            String mark = (score>60)?"及格":"不及格";
            System.out.println("考试成绩为"+score+"分: "+mark);
        }
    }
```

程序运行结果如图 2-11 所示。

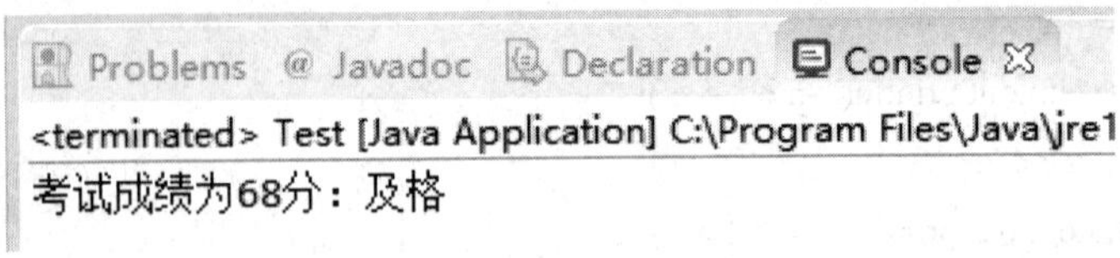

> Problems @ Javadoc Declaration Console ⊠
> <terminated> Test [Java Application] C:\Program Files\Java\jre1
> 考试成绩为68分：及格

图 2-11　程序运行结果

2.4.7　运算符的优先级

在一个表达式中可能同时含有多个运算符，运算符的优先级决定了运算的先后次序，优先级高的先进行运算，然后执行优先级较低的。在优先级相同的情况下，按照结合性来决定运算的顺序，运算符的结合性决定运算是从左到右执行，还是从右到左执行。表 2-10 展示了 Java 运算符的优先级与结合性。

表 2-10　运算符的优先级

优先级	运　算　符	结合性
1	()　[]　.	从左到右
2	!　+(正)　-(负)　~　++　--	从右到左
3	*　/　%	从左到右
4	+(加)　-(减)	从左到右
5	<<　>>　>>>	从左到右
6	<　<=　>　>=　instanceof	从左到右
7	==　!=	从左到右
8	&	从左到右
9	^	从左到右
10	|	从左到右
11	&&	从左到右
12	||	从左到右
13	?:	从右到左
14	=　+=　-=　*=　/=　%=　&=　|=　^=　~=　<　<=　>　>=　>>>=	从右到左

注意：在实际开发中，一般会使用小括号辅助进行优先级的管理，从而使运算更清晰直观。

【例 2-9】运算符的优先级运行实例。

```
public class Test {
    public static void main(String[] args) {
        int m = 5;
        int n = 7;
        int x = (m*8/(n+2))%m;
```

```
            System.out.println("m:" + m);
            System.out.println("n:" + n);
            System.out.println("x:" + x);
        }
    }
```

程序运行结果如图 2-12 所示。

```
m:5
n:7
x:4
```

图 2-12 程序运行结果

2.5 流程控制语句

Java 语言同其他编程语言一样，程序的执行结构默认是按照顺序结构自上而下逐条执行的。必要时，可以通过流程控制语句改变这种执行次序。本节主要讲解 Java 中的流程控制语句，包括选择结构、循环结构、跳转语句等。

选择结构：if、if-else、switch。

循环结构：while、do-while、for。

跳转语句：break、continue。

2.5.1 选择结构

生活中，我们经常需要先做判断，然后才决定是否做某件事。在程序中，这种"需要先判断条件，条件满足后才执行的情况"，就可以使用选择语句来实现。Java 的选择语句有 if 语句和 switch 语句两种。

1．if 语句

(1) 单 if 语句：当条件成立时，执行代码块中的内容，否则程序结束。

语法：

```
if(条件){
    条件成立时执行的代码
}
```

程序执行过程如图 2-13 所示。

这里注意，如果 if 条件成立时的执行语句只有一条，则可以省略大括号。但如果执行语句有多条，那么大括号就是不可

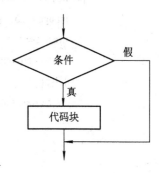

图 2-13 程序执行过程

或缺的。

【例 2-10】 判断变量 number 的值是否为偶数。

```java
public class Test {
    public static void main(String[] args) {
        int number = 20;
        if(number%2 == 0){
            System.out.println("number 是偶数");
        }
    }
}
```

程序运行结果如图 2-14 所示。

```
<terminated> Test [Java Application] C:\Program Files\Java\jre1.
number是偶数
```

图 2-14　程序运行结果

(2) if-else 语句：该语句的操作比 if 语句多了一步。当条件成立时，则执行 if 部分的代码块 1；当条件不成立时，则进入 else 部分，执行代码块 2。

语法：

```
if(条件){
    代码块 1;
}else{
    代码块 2;
}
```

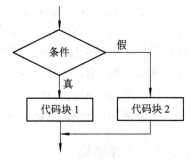

图 2-15　程序执行过程

程序执行过程如图 2-15 所示。

【例 2-11】 判断变量 age 的值，如果大于 18，则提示"成年"，否则提示"未成年"。

```java
public class Test{
    public static void main(String[] args){
        int age = 25;
        if(age >= 18){
            System.out.println("成年");
        }else{
            System.out.println("未成年");
        }
    }
}
```

程序运行结果如图 2-16 所示。

```
 Problems  @ Javadoc  Declaration  Console ⊠
<terminated> Test [Java Application] C:\Program Files\Java\jre1.8.0_144
成年
```

图 2-16　程序运行结果

(3) 多重 if 语句：在条件 1 不满足的情况下，会进行条件 2 的判断；当前面的条件均不成立时，才会执行 else 块内的代码。

语法：

  if(条件 1){
    代码块 1;
  }else if(条件 2){
    代码块 2;
  }else{
    代码块 3;
  }

程序执行过程如图 2-17 所示。

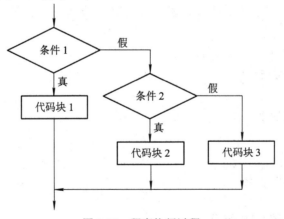

图 2-17　程序执行过程

【例 2-12】 应用多重 if 语句实现如下代码。

功能：如果年龄大于 60 岁，则提示"老年"；

    如果年龄介于 40 岁至 60 岁之间，则提示"中年"；

    如果年龄介于 18 岁至 40 岁之间，则提示"少年"；

    18 岁以下则提示"童年"。

代码如下：

```java
public class Test {
    public static void main(String[] args) {
        int age = 25;
        if(age > 60){
            System.out.println("老年");
```

```
        }else if(age > 40){
            System.out.println("中年");
        }else if(age > 18){
            System.out.println("少年");
        }else{
            System.out.println("童年");
        }
    }
}
```
程序运行结果如图 2-18 所示。

图 2-18　程序运行结果

(4) 嵌套 if 语句：只有当外层 if 的条件成立时，才会判断内层 if 的条件。
语法：
```
if(条件 1){
    if(条件 2){
        代码块 1;
    }else{
        代码块 2;
    }
}else{
    代码块 3;
}
```
程序执行过程如图 2-19 所示。

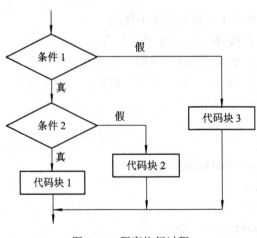

图 2-19　程序执行过程

【例 2-13】 应用嵌套 if 语句实现如下代码。

功能：预赛成绩大于 80 分的可进入决赛，然后根据性别再划分为男子组决赛和女子组决赛。

代码如下：

```
public class Test {
    public static void main(String[] args) {
        int score = 94;
        String sex = "女";
        if(score > 80){
            if(sex.equals("女"))
            {
                System.out.println("进入女子组决赛");
            }else
            {
                System.out.println("进入男子组决赛");
            }
        }else
        {
            System.out.println("不进入决赛");
        }
    }
}
```

程序运行结果如图 2-20 所示。

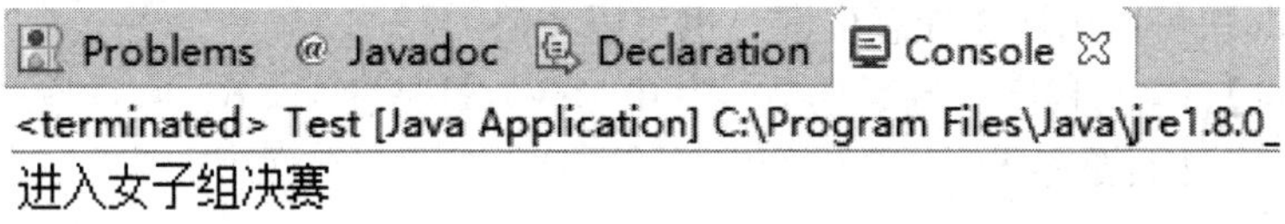

图 2-20　程序运行结果

2. switch 语句

当面对多分支结构问题时，可以使用嵌套 if 语句，但是当嵌套的层数太多，结构比较复杂时，使用 switch 语句更加简洁明了。

语法：

```
switch(表达式){
    case 值 1:
        执行代码块 1
        break;
    case 值 2:
        执行代码块 2
```

```
            break;
            …
        case 值 n:
            执行代码块 n
            break;
        default:
            默认执行的代码
}
```

执行过程：

switch 语句的执行过程是，当 switch 后表达式的值和 case 语句后的值相同时，从该位置开始向下执行，直到遇到 break 语句或者 switch 语句块结束。如果没有匹配的 case 语句则执行 default 块的代码。

注意：

(1) switch 后面小括号中表达式的值必须是整型或字符型。

(2) 在同一个 switch 语句中没有两个相同的 case 常量。

(3) case 后面的值可以是常量数值，如 1、2；也可以是一个常量表达式，如 2+2；但不能是变量或带有变量的表达式，如 a*2。

(4) case 匹配后，执行匹配块里的程序代码，如果没有遇见 break 会继续执行下一个 case 块的内容，直到遇到 break 语句或者 switch 语句块结束。

(5) 可以把功能相同的 case 语句合并起来，如：

```
        case 1:
            case 2:
                System.out.println("春天");
```

(6) default 块可以出现在任意位置，也可以省略。

【例 2-14】 编写程序，判断季节。其中 3~5 月是春天，6~8 月是夏天，9~11 月是秋天，12、1、2 月是冬天。

代码如下：

```
import java.util.Scanner;
public class Test {
    public static void main(String[] args) {
        Scanner scan = new Scanner(System.in);
        System.out.println("输入月份: ");
        int month = scan.nextInt();
        switch(month){
            case 3:
            case 4:
            case 5:
                System.out.println("春天");
                break;
```

```
            case 6:
            case 7:
            case 8:
                System.out.println("夏天");
                break;
            case 9:
            case 10:
            case 11:
                System.out.println("秋天");
                break;
            default:
                System.out.println("冬天");
        }
    }
}
```

程序运行结果如图 2-21 所示。

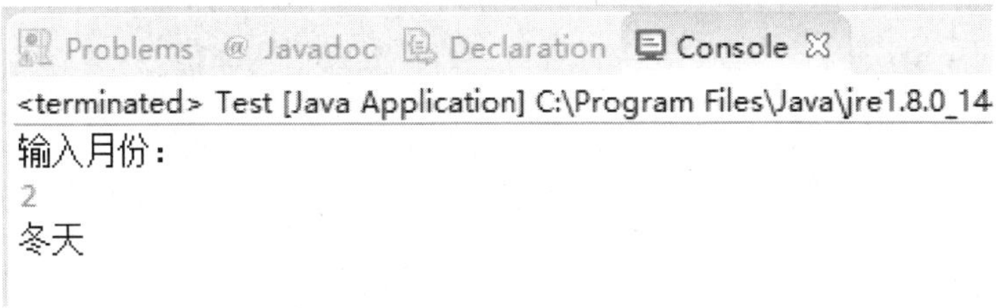

图 2-21　程序运行结果

2.5.2　循环结构

在生活中，我们经常会遇到一些需要重复执行的操作，那么这时就用到了循环语句。循环语句的作用是能够重复执行一段代码，直到循环条件不成立。Java 的循环语句有 while 循环、do-while 循环和 for 循环。一般情况下，while 和 do-while 循环用于处理循环次数不确定的情况，for 循环用于处理循环次数确定的情况。

1．while 语句

语法：

```
while(判断条件){
    循环体;
}
```

执行过程：

第 1 步，判断 while 后面的条件是否成立。

第 2 步，当条件成立时，执行循环内的操作代码，然后重复执行第 1、2 步，直到循环条件不成立。

特点：先判断，后执行。

【例2-15】 顺序输出数字1～10。

代码如下：

```
public class Test {
    public static void main(String[] args) {
        int i = 1;                    //初始化变量
        while ( i<11 )
        {                             //设置循环条件，当变量小于等于11时执行循环
            System.out.println(i);    //输出变量的值
            i++;                      //对变量加1，以便于进行下次循环条件判断
        }
    }
}
```

程序运行结果如图2-22所示。

图2-22　程序运行结果

2．do-while语句

语法：

```
[初始化]
do{
    循环体;
    循环变量控制;
}while(判断条件);
```

执行过程：

第1步，先执行一遍循环操作，然后判断循环条件是否成立。

第2步，如果条件成立，则重复执行第1、2步，直到循环条件不成立。

特点：先执行，后判断。由此可见，do-while语句保证循环至少被执行一次。

【例2-16】 计算1＋2＋3＋…＋100的和。

代码如下：

```
public class Test {
    public static void main(String[] args) {
        int i = 1, sum = 0;          //初始化变量
        do {
            sum = sum+i;             //循环体
            i++;
        }while(i <= 100);            //循环终止条件
        System.out.println("sum = " + sum);
    }
}
```

程序运行结果如图 2-23 所示。

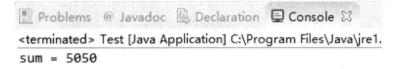

图 2-23　程序运行结果

3．for 语句

语法：

```
for(循环变量初始化；循环条件；循环变量迭代){
    循环体;
}
```

执行过程：

第 1 步，执行循环变量初始化部分，设置循环的初始状态，此部分在整个循环中只执行一次。

第 2 步，进行循环条件的判断，如果条件为 true，则执行循环体内代码；如果条件为 false，则直接退出循环。

第 3 步，执行循环变量变化部分，改变循环变量的值，以便进行下一次条件判断。

第 4 步，依次重新执行第 2、3、4 步，直到退出循环。

特点：相比 while 和 do-while 语句，for 语句结构更加简洁易读。

注意：

(1) for 关键字后面括号中的三个表达式必须用"；"隔开，三个表达式都可以省略，但"；"不能省略。

a. 省略"循环变量初始化"，可以在 for 语句之前由赋值语句进行变量初始化操作，如：

```
int i = 0;                    //循环变量 i 在 for 语句之前赋值
for( ; i < 10; i++) {         //省略初始化变量
    System.out.println("我爱学 Java");
}
```

b. 省略"循环条件"，可能会造成循环将一直执行下去，也就是我们常说的"死循

环"现象，如：

```
for(inti = 0; ; i++) {          //省略循环条件
    System.out.println("我爱学Java");
}
```

在编程过程中要避免"死循环"的出现，因此，对于上面的代码可以在循环体中使用 break 强制跳出循环(关于 break 的用法会在后面介绍)。

c. 省略"循环变量变化"，可以在循环体中进行循环变量的变化，如：

```
for(int i = 0; i < 10; ) {              //for 中省略循环迭代
    System.out.println("我爱学Java");
    i++;                                //在循环体中改变变量 i 的值
}
```

(2) 当有多个变量需要进行循环操作时，可以在初始化部分和迭代部分使用逗号语句来进行多个操作，逗号语句是用","分隔的语句序列。如：

```
for(int i = 1, j = 5; i <= 5; i++, j--) {
    System.out.println(i+"+"+j+"="+(i+j));
}
```

代码中，初始化变量部分同时对两个变量 i 和 j 赋初值，循环变量变化部分也同时对两个变量进行变化，程序运行结果如图 2-24 所示。

图 2-24 程序运行结果

(3) 如果循环变量在 for 中定义，变量的作用范围仅限于循环体内。

【例 2-17】 计算 1~100 之间(包括 100)的偶数之和。

代码如下：

```
public class Test {
    public static void main(String[] args) {
        int sum = 0;                    //保存 100 以内的偶数
        //循环变量 i 的初始值为 1，每执行一次对变量加 1，只要小于等于 100 就重复执行循环
        for(int i = 1; i <= 100; i++)
        {
            //变量 i 与 2 进行取余，如果等于 0，则表示能被 2 整除，是偶数
            if(i % 2 == 0)
            {
```

```
            sum = sum + i;
        }
    }
    System.out.println("1 到 100 之间的偶数之和为: " + sum);
    }
}
```

程序运行结果如图 2-25 所示。

图 2-25　程序运行结果

4．循环嵌套语句

循环体中包含循环语句的结构称为多重循环。也就是说，一个循环语句可以完全包含在另一个循环语句之内。三种循环语句(while、do-while、for)可以自身嵌套，也可以相互嵌套，其中最常见的就是二重循环。在二重循环中，外层循环每执行一次，内层循环要执行一圈，直到外层循环结束。

【例 2-18】　使用*打印下图的矩形。

```
********
********
********
```

代码如下：

```
public class Test {
    public static void main(String[] args) {
        for(int i=1; i<=3; i++)
        {                                //外层循环控制行数
            for(int j = 1; j <= 8; j++)
            {                            //内层循环控制列数
                System.out.print("*");
            }
            System.out.println();        //每打印完一行后进行换行
        }
    }
}
```

代码分析：这是一个 3 行 8 列的矩形，外层循环控制行数，用变量 i 代表矩形的行。内层循环控制列数，用变量 j 代表矩形的列。当 i = 1 时，外层循环条件成立，进入内层循环，开始打印第一行内容。此时，j 从 1 开始，循环 8 次，内层循环结束后换行，实现第一行 8 个 * 的输出。接下来返回外层循环 i 变为 2，准备打印下一行，依此类推，直到完成矩形的打印。

程序运行结果如图 2-26 所示。

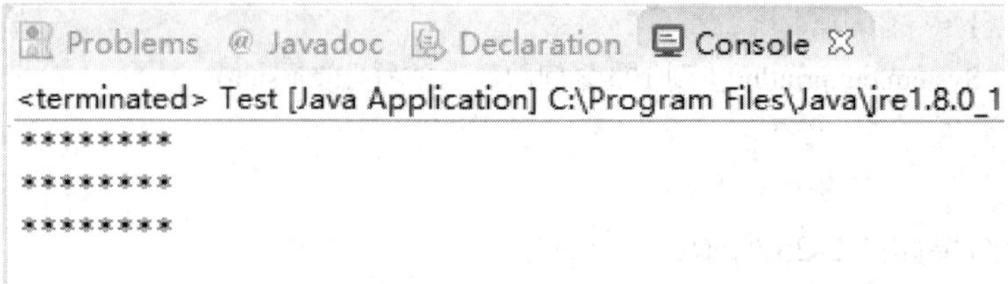

```
********
********
********
```

图 2-26　程序运行结果

2.5.3　跳转语句

1. break 语句

break 语句经常在 switch 语句中使用，也用于中止下面 case 语句的比较。实际上 break 语句还可以应用在 for、while 和 do-while 循环语句中，用于强行退出循环，也就是忽略循环体中其他语句和循环条件的限制。

【例 2-19】循环将 1~10 之间的整数相加，如果累加值大于 20，则跳出循环，并输出当前的累加值。

代码如下：

```java
public class Test {
    public static void main(String[] args) {
        int sum = 0;                      //保存累加值
        for (int i = 1; i <= 10; i++)
        {                                 //从 1 循环到 10
            sum = sum + i;                //每次循环时累加求和
            // 判断累加值是否大于 20，如果满足条件则退出循环
            if (sum > 20)
            {
                System.out.print("当前的累加值为:" + sum);
                break;                    //退出循环
            }
        }
    }
}
```

程序运行结果如图 2-27 所示。

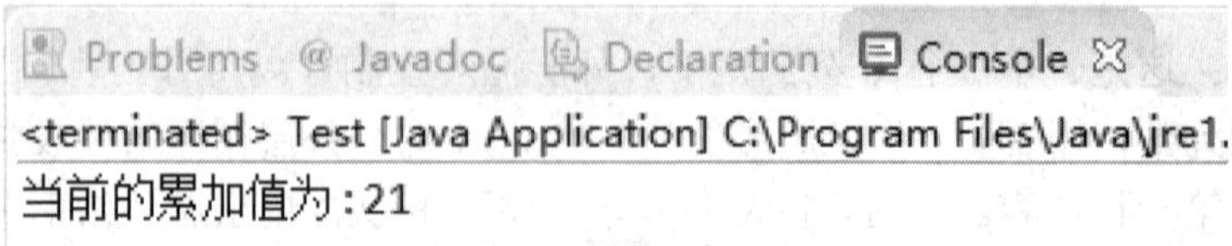

```
当前的累加值为:21
```

图 2-27　程序运行结果

2. continue 语句

continue 语句只能应用在 for、while 和 do-while 循环语句中,作用是直接跳过循环体中剩余的语句,进行下一次的循环。

【例 2-20】 打印 1~10 之间所有的偶数。

代码如下:

```
public class Test {
    public static void main(String[] args) {
        for(int i = 1; i <= 10; i++) {
            if(i % 2 != 0) {              //判断 i 是否为偶数
                continue;                 //结束本次循环直接进入下一次循环
            }
            System.out.println(i);
        }
    }
}
```

程序运行结果如图 2-28 所示。

图 2-28　程序运行结果

Java 基本语法 1——自动售货机

实现功能:

设计一款自动售货机,假设这台自动售货机能提供饮料,商品的价格为 2 元或者 3 元。如果投入 2 元,则可以选择"泉阳泉矿泉水"、"农夫山泉矿泉水"和"娃哈哈纯净水";如果投入 3 元钱,则可以选择"可口可乐"、"雪碧"、"康师傅冰红茶"。编写程序实现这个自动售货机的功能。

运行结果:

程序运行结果如图 2-29 所示。

```
        Markers  Properties  Servers  Data Source Explorer
<terminated> VendingMachine (1) [Java Application] G:\Program F
投入金额：2或3元（回车确认）：2
选择泉阳泉矿泉水（1），农夫山泉矿泉水（2）和娃哈哈纯净水（3）
输入1，2或3
1
得到泉阳泉矿泉水
```

图 2-29　程序运行结果

参考代码：

```java
import java.util.Scanner;
public class VendingMachine {
    public static void main(String args[]) {
        int money;
        int drink;
        System.out.printf("投入金额:2 或 3 元(回车确认):");
        Scanner reader = new Scanner(System.in);
        money = reader.nextInt();
        if (money == 2) {
            System.out.println("选择泉阳泉矿泉水(1)，农夫山泉矿泉水(2)和娃哈哈纯净水(3)");
            System.out.println("输入 1，2 或 3");
            drink = reader.nextInt();
            switch (drink) {
                case 1:
                    System.out.println("得到泉阳泉矿泉水");
                    break;
                case 2:
                    System.out.println("得到农夫山矿泉水");
                    break;
                case 3:
                    System.out.println("得到娃哈哈纯净水");
                    break;
                default:
                    System.out.println("选择错误，请重新选择");
            }
        } elseif (money == 3) {
            System.out.println("选择可口可乐(1)，雪碧(2)，康师傅冰红茶(3):\n");
            System.out.println("输入 1，2 或 3:");
            drink = reader.nextInt();
            switch (drink) {
                case 1:
```

```
                System.out.println("得到可口可乐\n");
                break;
            case 2:
                System.out.println("得到雪碧\n");
                break;
            case 3:
                System.out.println("得到康师傅冰红茶\n");
                break;
            default:
                System.out.println("选择错误，请重新选择");
            }
        } else {
            System.out.println("输入的钱币不符合要求");
        }
    }
}
```

Java 基本语法 2——猜数字游戏

实现功能：

编写一个 Java 程序，实现以下功能：

(1) 后台预先生成一个 1～100 之间的随机数，用户键盘录入猜的数字。

(2) 如果猜对了，打印"恭喜你，猜对了！"。

(3) 如果猜错了

　　猜大了：打印"Sorry，您猜大了！"

　　猜小了：打印"Sorry，您猜小了！"

(4) 直到数字猜对为止，打印"游戏结束！"。

运行结果：

程序运行结果如图 2-30 所示。

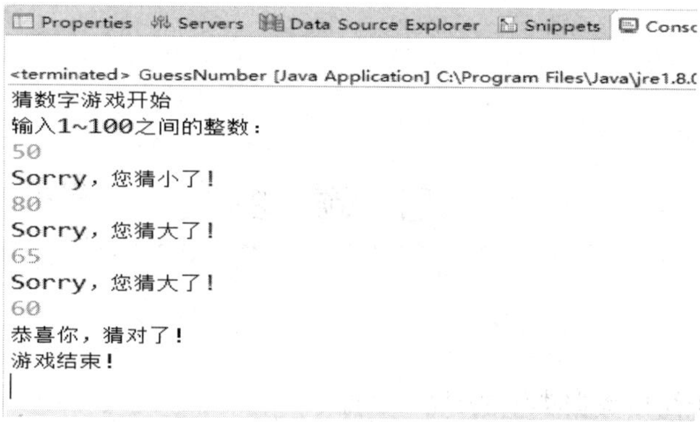

```
<terminated> GuessNumber [Java Application] C:\Program Files\Java\jre1.8.0
猜数字游戏开始
输入1~100之间的整数：
50
Sorry，您猜小了！
80
Sorry，您猜大了！
65
Sorry，您猜大了！
60
恭喜你，猜对了！
游戏结束！
```

图 2-30　程序运行结果

参考代码:

```java
import java.util.Random;
import java.util.Scanner;
public class GuessNumber {
    public static void main(String[] args) {
        System.out.println("猜数字游戏开始");
        System.out.println("输入 1～100 之间的整数：");

        //创建 Random 类变量
        Random ran = new Random();
        int number = ran.nextInt(100)+1;

        //创建 Scanner 类变量
        Scanner in = new Scanner(System.in);
        while(true) {
            int guess = in.nextInt();
            if(guess>number)
            {
                System.out.println("Sorry，您猜大了!");
            }else if(guess<number)
            {
                System.out.println("Sorry，您猜小了!");
            }else
            {
                System.out.println("恭喜你，猜对了！ ");
                System.out.println("游戏结束！ ");
                break;
            }
        }
    }
}
```

习 题 2

一、选择题

1. 下列不属于简单数据类型的是( )。

  A．整数类型   B．浮点数类型

C．布尔类型　　　　　　　　　D．类
2．下列(　　)是合法标识符。
　　A．2end　　　　B．-hello　　　　C．=AB　　　　D．day_7
3．下列(　　)是合法的标示符。
　　A．double　　　B．3x$　　　　C．str@　　　　D．exam2e_
4．若 x = 5，y = 8，则表达式 x/y 的值为(　　)。
　　A．3　　　　　B．13　　　　　C．0　　　　　D．5
5．表达式(11 + 3 * 8) / 4 % 3 的值是(　　)。
　　A．31　　　　　B．2　　　　　C．1　　　　　D．0
6．下列声明和赋值语句错误的是(　　)。
　　A．double w=3.1415;　　　　　B．String str1="bye";
　　C．float z=6.74567;　　　　　D．boolean truth=true;
7．下列数据类型转换，必须进行强制类型转换的是(　　)。
　　A．byte→int　　　　　　　　　B．short→long
　　C．float→double　　　　　　　D．long→int
8．下列循环语句的循环次数是(　　)。
　　int i = 5;
　　do {
　　　　System.out.println(i);
　　　　i--;
　　}while(i != 0);
　　A．5　　　　　B．无限　　　　C．0　　　　　D．1

二、简答题

1．Java 的基本数据类型有哪些？
2．float 型常量和 double 型常量在表示上有什么区别？
3．Java 的循环有几种形式？它们的格式分别是什么？

三、编程题

1．编写一个程序，由键盘输入三个整数，输出其中最大的数。
2．编写一个程序，求 1！+2！+…+20！的值。
3．编写一个程序，输出 100 以内的全部素数。
4．编写一个程序，要求打印输出九九乘法表，效果如下所示：
　　1*1=1
　　1*2=2　2*2=4,
　　1*3=3　2*3=6　3*3=9
　　1*4=4　2*4=8　3*4=12　4*4=16
　　1*5=5　2*5=10　3*5=15　4*5=20　5*5=25
　　1*6=6　2*6=12　3*6=18　4*6=24　5*6=30　6*6=36
　　1*7=7　2*7=14　3*7=21　4*7=28　5*7=35　6*7=42　7*7=49

  1*8=8 2*8=16 3*8=24 4*8=32 5*8=40 6*8=48 7*8=56 8*8=64

  1*9=9 2*9=18 3*9=27 4*9=36 5*9=45 6*9=54 7*9=63 8*9=72 9*9=81

5. 编写一个程序，打印如下图形：

```
*
**
***
****
*****
******
*******
```

第 3 章 数组与字符串

教学目标

(1) 掌握一维数组的声明和使用方法；
(2) 掌握二维数组的声明和使用方法；
(3) 熟练使用数组解决实际问题；
(4) 掌握字符串的一些常用方法；
(5) 理解 String 类和 StringBuffer 类的区别。

3.1 一 维 数 组

数组中的元素可以通过下标来访问，一维数组就是每个元素仅由一个下标值确定的数组。例如：如果 a 是一个数组，那么 a[i] 就是数组中下标为 i 的数据。数组中的下标是从 0 开始的，a[0] 获取的是数组中第一个元素。

3.1.1 一维数组的声明

数组在使用之前必须先声明，也就是定义数组元素的类型、数组的名称和维数。一维数组的声明格式有两种，分别是：

  数据类型[] 数组名；
  数据类型 数组名[]；

其中，数组名可以是任意合法的变量名，数据类型可以是基本数据类型或者引用数据类型。如：

  int[] scores;   //定义存储分数的数组，类型为整型
  double height[]; //定义存储身高的数组，类型为浮点型
  String[] names; //定义存储姓名的数组，类型为字符串

注意：数组声明时，并没有在内存中为数组分配存储空间，因此方括号中不能有数组元素的个数。必须先使用 new 关键字创建数组对象，才能够访问数组中的元素。

3.1.2 一维数组的创建

1. 分配空间

创建数组，需要使用 new 关键字为数组分配存储空间，语法格式如下：

数组名 = new 数据类型[数组长度]

数组长度也就是数组中能存放元素的个数，例如：

  int[] scores;   //声明一个整型数组 scores

  scores = new int[5];   //定义数组 scores 能够存放 5 个整型元素

  String names[];   //声明一个字符串数组 names

  names = new String[3];   //定义数组 names 能够存放 3 个字符串元素

也可以将以上两步进行合并，在声明数组的同时创建数组，例如：

  int[] scores = new int[5];

  String names[] = new String[3];

2．赋值

分配空间后，就可以为每个数组元素进行赋值，例如：

  scores[0] = 95;

  scores[1] = 93;

  scores[2] = 80;

  scores[3] = 86;

  scores[4] = 79;

也可以用以下方式为数组元素赋值，数组长度由"{ }"中的元素个数决定。

  int[] scores = {95, 93, 80, 86, 79}

3.1.3 一维数组的访问

在对数组元素创建后，就可以通过数组的下标来访问数组元素，格式为：

  数组名[下标]

可以对赋值后的数组元素进行操作和处理，如获取并输出数组中元素的值：

  int[] scores = {95, 93, 80, 86, 79}

  System.out.print("scores 数组中第 1 个元素的值:" + scores[0]);

注意：数组下标是从 0 开始的，也就是说，scores[0]代表数组中的第一个元素，最后一个数组元素的下标为"数组长度–1"。使用数组时要注意下标不能超出范围，如果超出范围，在程序运行时，系统就会抛出数组下标越界异常。例如：

  int[] scores = new int[2];

  scores[2] = 85;

运行时会报错，如图 3-1 所示。

```
Exception in thread "main" java.lang.ArrayIndexOutOfBoundsException: 2
    at com.test1.Test.main(Test.java:6)
```

图 3-1 程序运行结果

【例 3-1】循环打印输出数组中的数字。

代码如下：

```java
public class Test {
    public static void main(String[] args) {
```

```
//定义一个长度为 4 的数组
int[] scores = {78, 91, 85, 88};
//循环打印输出数组中的元素，数组最大长度为 scores.length
for(int i = 0; i < scores.length; i++) {
    System.out.println("数组中第" + (i+1) + "个元素的值是" + scores[i]);
        }
    }
}
```
程序运行结果如图 3-2 所示。

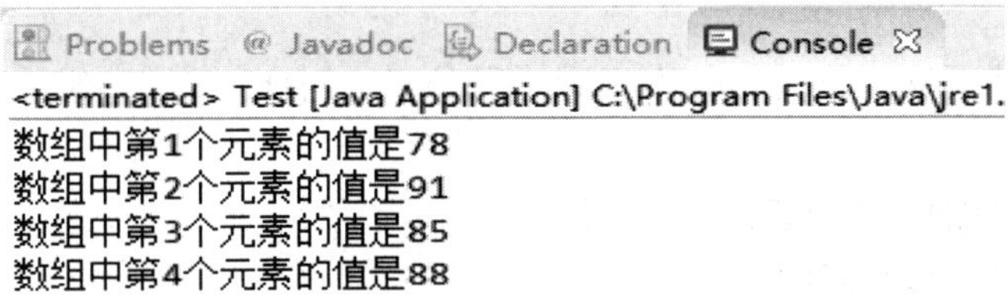

```
数组中第1个元素的值是78
数组中第2个元素的值是91
数组中第3个元素的值是85
数组中第4个元素的值是88
```

图 3-2　程序运行结果

其中，数组名具有一个属性 length，用于获取数组的长度，其用法为：

数组名.length

如上述代码中的 scores.length 的值为 4。

【例 3-2】　定义一个数组 hobbys，其值为 music、sports、game，循环打印输出。

代码如下：

```
public class Test {
    public static void main(String[] args) {
        //定义一个长度为 3 的数组
        String[] hobbys = new String[3];
        hobbys[0] = "music";
        hobbys[1] = "sports";
        hobbys[2] = "game";
        //循环打印输出数组中的元素
        for(int i = 0; i < hobbys.length; i++) {
            System.out.println(hobbys[i]);
        }
    }
}
```

程序运行结果如图 3-3 所示。

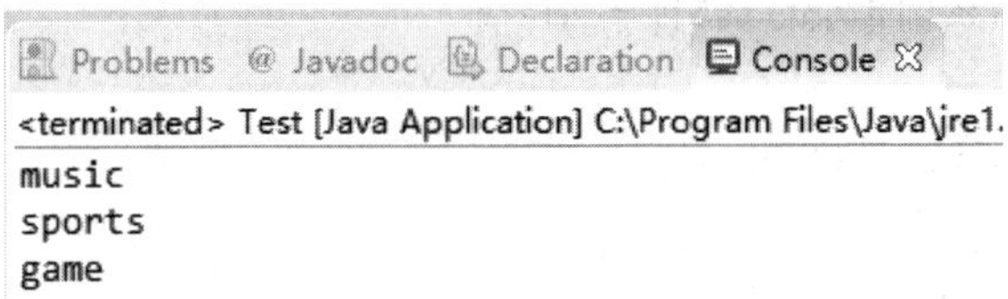

```
music
sports
game
```

图 3-3　程序运行结果

3.2 二维数组

二维数组是数组的数组。其实 Java 只有一维数组,但是由于数组可以存放任意类型的数据,当数组中的每个元素类型也是数组时,这个数组就被称为多维数组。最常见的是二维数组,可以把二维数组看作一个矩阵。

3.2.1 二维数组的声明

二维数组的声明和一维数组基本相同,只是多一对[]。二维数组的声明格式有三种,分别是:

数据类型[][]　数组名;
数据类型　数组名[][];
数据类型[]　数组名[];

例如:

int[][] array1;
double array2[][];
char[] array3[];

3.2.2 二维数组的创建

1. 分配空间

二维数组的创建格式为:

数据类型[][]　数组名;
数组名 = new　数据类型[行的个数][列的个数];

或者:

数据类型[][]　数组名 = new　数据类型[行的个数][列的个数];

例如:

int[][] number = new int[2][3];　　//定义一个 2 行 3 列的二维数组 number
char[][] array = new char[3][5];　　//定义一个 3 行 5 列的二维数组 array

2. 赋值

二维数组的赋值和一维数组类似,可以通过下标来逐个赋值,索引从 0 开始。语法格式如下:

数组名[行的索引][列的索引] = 值;

例如:

int[][] number = new int[2][3];
number[0][0] = 11;
number[0][1] = 32;

number[0][2] = 15;

...

也可以在声明数组的同时直接赋值。语法格式如下：

数值类型[][] 数组名 = {{值1，值2…}, {值11，值22…}, {值21，值22…}};

例如：

int[][] number = {{1, 2, 3}, {4, 5, 6}};

在定义二维数组时也可以只指定行的个数，然后再为每一行分别指定列的个数。如果每行的列数不同，则创建的是不规则的二维数组，如下所示：

```
int[][] number = new int[2][];         //定义一个两行的二维数组
number[0] = new int[2];                //为第一行分配两列
number[1] = new int[3];                //为第二行分配三列
number[0][0] = 1;                      //第一行第一列赋值为 1
number[0][1] = 2;                      //第一行第二列赋值为 2
number[1][0] = 3;                      //第二行第一列赋值为 3
number[1][1] = 4;                      //第二行第二列赋值为 4
number[1][2] = 5;                      //第二行第三列赋值为 5
```

3.2.3　二维数组的访问

二维数组的访问和输出同一维数组一样，只是多了一个下标而已。在循环输出时，需要里面再内嵌一个循环，即使用二重循环来输出二维数组中的每一个元素。

【例 3-3】 定义一个两行三列的数组，并循环打印输出数组中的每一个元素。

```java
public class Test {
    public static void main(String[] args) {
        //定义一个两行三列的二维数组并赋值
        int[][] num = {{1, 2, 3}, {4, 5, 6}};
        //定位行
        for(int i = 0; i < num.length; i++)
        {
            //定位每行的元素
            for(int j = 0; j < num[i].length; j++){
                //依次输出每个元素
                System.out.print(num[i][j]);
            }
            //实现换行
            System.out.println();
        }
    }
}
```

程序运行结果如图 3-4 所示。

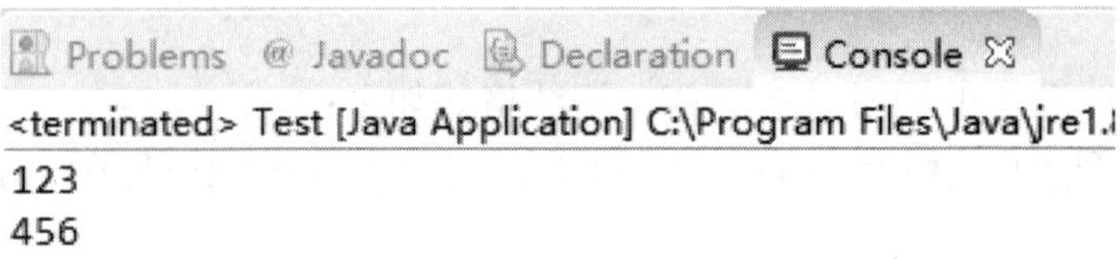
Problems
@ Javadoc
Declaration
Console
<terminated> Test [Java Application] C:\Program Files\Java\jre1.
123
456

图 3-4　程序运行结果

3.3　数组的应用

【例 3-4】 获取数组的最大值和最小值。

代码如下：

```
public class Test {
    public static void main(String[] args) {
        int[] arr = { 12, 45, 28, 62, 39 };
        int max = getMax(arr);
        System.out.println("最大值为:"+max);
        int min = getMin(arr);
        System.out.println("最小值为:"+min);
    }

    //获取数组的最大值
    public static int getMax(int a[]) {
        int max = a[0];
        for (int i = 0; i < a.length; i++) {
            if (a[i] > max) {
                max = a[i];
            }
        }
        return max;
    }

    //获取数组的最小值
    public static int getMin(int a[]) {
        int min = a[0];
        for (int i = 0; i < a.length; i++) {
            if (a[i] < min) {
                min = a[i];
            }
```

```
        }
        return min;
    }
}
```

程序运行结果如图 3-5 所示。

```
Problems  @ Javadoc  Declaration  Console
<terminated> Test [Java Application] C:\Program Files\Java\jre1.8
最大值为：62
最小值为：12
```

图 3-5　程序运行结果

【例 3-5】 实现冒泡排序算法。

冒泡排序是一种经典的交换排序算法，通过交换数据元素的位置进行排序。

算法思想：从后向前或者从前向后两两比较相邻元素的值，如果两者的相对次序不对(A[i-1]>A[i])，则交换它们，其结果是将最(大)小的元素交换到待排序序列的第一个位置，我们称它为一趟冒泡。下一趟冒泡时，前一趟确定的最(大)小元素不再参与比较，待排序序列减少一个元素，每趟冒泡的结果把序列中最(大)小的元素放到了序列的"最前面"。

代码如下：

```
public class Test {
    public static void main(String[] args) {
        int[] arr = { 6, 4, 8, 2, 9 };
        System.out.print("冒泡排序前    :");
        printArray(arr);                    //打印数组元素
        bubbleSort(arr);                    //调用排序方法
        System.out.print("冒泡排序后    :");
        printArray(arr);                    //打印数组元素
    }

    //定义打印数组方法
    public static void printArray(int[] arr) {
        //循环遍历数组的元素
        for (int i = 0; i < arr.length; i++) {
            System.out.print(arr[i] + " ");      //打印元素和空格
        }
        System.out.print("\n");
    }

    //定义对数组排序的方法
    public static void bubbleSort(int[] arr) {
```

```
//定义外层循环
for (int i = 0; i < arr.length - 1; i++) {
    //定义内层循环
    for (int j = 0; j < arr.length - i - 1; j++) {
        if (arr[j] < arr[j + 1]) {            //比较相邻元素
            //下面的三行代码用于交换两个元素
            int temp = arr[j];
            arr[j] = arr[j + 1];
            arr[j + 1] = temp;
        }
    }
    System.out.print("第" + (i + 1) + "轮排序后：");
    printArray(arr);                          //每轮比较结束打印数组元素
}
    }
}
```

程序运行结果如图 3-6 所示。

图 3-6　程序运行结果

3.4　字符串的应用

在 Java 语言中，基本数据类型 char 只能表示一个字符，而字符串数据实际上是由 String 类所实现的。Java 字符串类分为两类：一类是 String 类，在创建后不能被改变长度的，称为字符串常量；另一类是 StringBuffer 类，在创建后可以被改变长度的，称为可变字符串。

3.4.1　String 类

1．构造 String 对象

每个用双引号括起来的字符都是 String 类的一个实例，例如 "Hello World"，在 Java 中，字符串其实就是一个 String 类的对象，创建 String 对象有两种方式：

String s1 = "This is a String";

String s2 = new String("This is a String");

字符串的分配和其他对象分配一样，是需要消耗高昂的时间和空间的，而且我们使用的字符串非常多。JVM 为了提高性能和减少内存的开销，在实例化字符串的时候进行了一些优化：使用字符串常量池。每当我们创建字符串常量时，JVM 会首先检查字符串常量池，如果该字符串已经存在常量池中，那么就直接返回常量池中的实例引用。如果字符串不存在常量池中，就会实例化该字符串并且将其放到常量池中。

Java 还定义了字符串连接运算符"+"，它能够将几个操作数合并成一个字符串。例如：

String s3 = "This" + "is" + "a" + "String"

2．String 类对象的常用方法

String 类有很多方法，这里只介绍几种常见的函数。

(1) 获取字符串长度：使用 length()方法。

String str = "This is a String";

int len = str.length();

(2) 字符串比较：使用 equals()和 equalsIgnoreCase()方法。

a. equal()方法：区分大小写

System.out.println("JAVA".equals("Java"));

b. equalsIgnoreCase()方法：不区分大小写

System.out.println("JAVA".equalsIgnoreCase ("Java"));

(3) 字符串查找：使用 indexOf()方法。

String str1 = "This is a String";

String str2 = "h";

int index = str1.indexOf(str2);   //从 str1 的开始位置查找 str2 字符串

(4) 字符串连接：使用 concat()方法。

String str1 = "This is a String";

String str2 = str1.concat("Test");   //str2="This is a String Test"

(5) 字符串替换：使用 replace()方法。

String str1 = "This is a String";

String str2 = str1.replace('T'，'t');   //str2="this is a String"

(6) 字符串截取：使用 substring()方法。

String str = "This is a String";

String sub1 = str.substring(3);

String sub2 = str.substring(3, 9);

System.out.println(sub1);   //sub1 = s is a String

System.out.println(sub2);   //sub2 = s is a

注意：在字符串中第一个字符的索引是 0，最后一个字符的索引是 length-1。

(7) 获取指定位置的字符：使用 charAt()方法。

String str = "This is a String";

    char chr = str.charAt(3);   //chr="i"

 (8) 实现字符串大小写转换：使用 toUpperCase()和 toLowerCase()方法。

   a. toUpperCase()方法：将当前字符串中的所有字符转换为大写格式

    String str="This is a String";

     String str1=str.toUpperCase();

    System.out.println(str1);   //str1="THIS IS A STRING";

   b. toLowerCase()方法：将当前字符串中的所有字符转换为小写格式

    String str="THIS IS A STRING";

     String str2=str.toLowerCase();

    System.out.println(str2);   //str2="this is a string";

 (9) 实现字符串转换字符数组：使用 toCharArray()方法。

   String str = "hello";

   char[] arr = str.toCharArray();

【例 3-6】 String 类的应用。

```java
public class StringTest {
    private String str = "helloWorld";

    //将字符串变成一个字符数组
    public void tocharyArry() {
        char c[] = str.toCharArray();
        for (int i = 0; i < c.length; i++) {
            System.out.println("转为数组输出:" + c[i]);
        }
    }

    //从字符串中取出指定位置的字符
    public void tocharAt() {
        char c = str.charAt(3);
        System.out.println("指定字符为: " + c);
    }

    //取得一个字符串的长度
    public void tolength() {
        int l = str.length();
        System.out.println("这个字符串的长度为: " + l);
    }

    //查找一个指定的字符串是否存在，返回的是字符串的位置，如果不存在，则返回-1
    public void toindexOf() {
```

```java
        int a1 = str.indexOf("e");                    //查找字符 e 的位置
        int a2 = str.indexOf("l", 2);                  //查找 l 的位置,从第 3 个开始查找
        System.out.println("e 的位置为:" + a1);
        System.out.println("l 的位置为:" + a2);
    }

    //字符串的截取
    public void tosubstring() {
        System.out.println("截取后的字符为: "
                + str.substring(0, 3));                //截取 0~3 个位置的内容
        System.out.println("从第 3 个位置开始截取: "
                + str.substring(2));                   //从第 3 个位置开始截取
    }

    //将字符串进行大小写转换
    public void tochange() {
        System.out.println("将\"hello\"转换成大写为: "
                + str.toUpperCase());                  //将 hello 转换成大写
        System.out.println("将\"HELLO\"转换成小写为: "
                + str.toUpperCase().toLowerCase());    //将 HELLO 转换成小写
    }

    //两个 String 类型内容比较
    public void toequals() {
        String str3 = "world";
        if (str.equals(str3)) {
            System.out.println("这两个 String 类型的值相等");
        } else
            System.out.println("这两个 String 类型的值不相等");
    }

    //两个字符串不区分大小写进行比较
    public void toequalsIgnoreCase() {
        String str4 = "HELLO";
        if (str.equalsIgnoreCase(str4)) {
            System.out.println("hello 和 HELLO 忽略大小写比较值相等");
        }
    }
```

```
        //将一个指定得到字符串替换成其他字符串
        public void toreplaceAll() {
            String str5 = str.replaceAll("l", "a");
            System.out.println("替换后的结果为: " + str5);
        }

        public static void main(String[] args) {
            StringTest obj = new StringTest();
            obj.tocharyArry();
            obj.tocharAt();
            obj.tolength();
            obj.toindexOf();
            obj.tosubstring();
            obj.tochange();
            obj.toequals();
            obj.toequalsIgnoreCase();
            obj.toreplaceAll();
        }
    }
```

3.4.2 StringBuffer 类

1. 构造 StringBuffer 类对象

StringBuffer 类，由名字可以看出，它是一个 String 的缓冲区，也就是说一个类似于 String 的字符串缓冲区，和 String 不同的是，它可以被修改，而且线程是安全的。StringBuffer 在任意时刻都有一个特定的字符串序列，不过这个序列和它的长度可以通过一些函数调用进行修改。StringBuffer 常用的构造函数有以下三种：

```
        StringBuffer();                  //创建一个空的 StringBuffer 对象，默认容量为 16 个字节
        StringBuffer(int capacity);      //设置特定容量
        StringBuffer(String str);        //创建一个内容为 str 的 StringBuffer 对象，容量为 str 大
                                           小的基础上再加 16 字节
```

例如：

```
        StringBuffer s1 = new StringBuffer();
        StringBuffer s2 = new StringBuffer(128);
        StringBuffer s3 = new StringBuffer("abc");
```

2. StringBuffer 类对象的常用方法

StringBuffer 类中的方法主要偏重于对字符串的变化，例如追加、插入、修改和删除等，这个也是 StringBuffer 和 String 类的主要区别。

(1) append()方法。

StringBuffer append(String str)

该方法的作用是追加内容到当前 StringBuffer 对象的末尾，类似于字符串的连接。调用该方法以后，StringBuffer 对象的内容也发生改变，例如：

StringBuffer s = new StringBuffer("hello");
s.append(world);   //s 的值将变成 "helloworld"

使用该方法进行字符串的连接，将比 String 更加节约内容。

(2) deleteCharAt()方法。

public StringBuffer deleteCharAt(int index)

该方法的作用是删除指定位置的字符，然后将剩余的内容形成新的字符串。例如：

StringBuffer s = new StringBuffer("Test");
s.deleteCharAt(1);

该代码的作用是删除字符串对象 s 中索引值为 1 的字符，也就是删除第二个字符，剩余的内容组成一个新的字符串。执行后对象 s 的值变为 "Tst"。

(3) delete()方法。

public StringBuffer delete(int start，int end)

该方法的作用是删除指定区间以内的所有字符，包含 start，不包含 end 索引值的区间。例如：

StringBuffer s = new StringBuffer("TestString");
s.delete (1, 4);

该方法的作用是删除索引值 1(包括)到索引值 4(不包括)之间的所有字符，剩余的字符形成新的字符串。执行后对象 s 的值变为 "TString"。

(4) insert()方法。

public StringBuffer insert(int offset, boolean b)

该方法的作用是在 StringBuffer 对象中插入内容，然后形成新的字符串。例如：

StringBuffer s = new StringBuffer("TestString");
s.insert(4, false);

该示例代码的作用是在对象 s 的索引值 4 的位置插入 false 值，形成新的字符串。执行后对象 s 的值是 "TestfalseString"。

(5) reverse()方法。

public StringBuffer reverse()

该方法的作用是将 StringBuffer 对象中的内容反转，然后形成新的字符串。例如：

StringBuffer s = new StringBuffer("abc");
s.reverse();

经过反转以后，对象 s 中的内容将变为 "cba"。

(6) setCharAt()方法。

public void setCharAt(int index, char ch)

该方法的作用是修改对象中索引值为 index 位置的字符为新的字符 ch。例如：

StringBuffer s = new StringBuffer("abc");
s.setCharAt(1, 'D');

执行后对象 s 的值将变成 "aDc"。

(7) trimToSize()方法。

  public void trimToSize()

该方法的作用是将 StringBuffer 对象的存储空间缩小到和字符串长度一样的长度，减少空间的浪费。

【例 3-7】 StringBuffer 的应用。

```java
class StringBufferDemo
{
    public static void main(String[] args)
    {
        method_get();
    }
    //获取指定位置的字符
    public static void method_get()
    {
        StringBuffer sb = new StringBuffer("abcde");
        char[] chs = new char[4];

        sb.getChars(1, 4, chs, 1);
        for(int x = 0; x < chs.length; x++)
        {
            sop("chs["+x+"] = "+chs[x]+"; ");
        }
    }
    //替换指定字符
    public static void method_update()
    {
        StringBuffer sb = new StringBuffer("abcde");
        // sb.replace(1, 4, "java");
        sb.setCharAt(2, 'a');
        sop(sb.toString());
    }
    //删除指定的字符
    public static void method_del()
    {
        StringBuffer sb = new StringBuffer("abcde");
        // sb.delete(2, 4);
        sb.deleteCharAt(3);
        sop(sb.toString());
```

```
    }
    //添加功能字符串
    public static void method_add()
    {
        StringBuffer sb = new StringBuffer();
        sb.append("abc").append(true);
        // sop(sb.toString());
    }
    public static void sop(String str)
    {
        System.out.println(str);
    }
}
```

实 训 3

数组和字符串的使用 1——计算学生成绩

实现功能：

编写一个 Java 程序，实现以下功能：

(1) 声明一个数组，循环接收 8 个学生的成绩。

(2) 计算这 8 个学生的总分、平均分、最高分和最低分。

运行结果：

程序运行结果如图 3-7 所示。

```
Markers   Properties   Servers   Data Source Explorer
<terminated> ArrayTest [Java Application] G:\Program Files\Java\jre1
请输入1学生成绩：
79
请输入2学生成绩：
85
请输入3学生成绩：
92
请输入4学生成绩：
84
请输入5学生成绩：
75
请输入6学生成绩：
80
请输入7学生成绩：
95
请输入8学生成绩：
90
总分680.0 及平均分85.0、最高分95.0和最低分75.0
```

图 3-7　程序运行结果

参考代码：

```java
import java.util.Scanner;
public class ArrayTest {
    public static void main(String[] args) {
        double sum = 0;                              //总分初始化为0
        double[] arr = new double[8];                //定义一个长度为8的数组
        Scanner sc = new Scanner(System.in);

        //输入循环接收8个学生的成绩
        for (int i = 0; i < arr.length; i++) {
            System.out.println("请输入" + (i + 1) + "学生成绩：");
            arr[i] = sc.nextDouble();
            sum += arr[i];
        }
        double avg = (sum / arr.length);             //计算平均分
        double max = arr[0], min = arr[0];           //初始化arr[0]就是最高、低分

        //循环遍历比较大小
        for (int i = 0; i < arr.length; i++)
        {
            if (max < arr[i]) {
                max = arr[i];
            }
            if (min > arr[i]) {
                min = arr[i];
            }
        }
        System.out.println("总分" + sum + " 及平均分" + avg + "、最高分" + max
                + "和最低分" + min);
    }
}
```

数组和字符串的使用2——将字符串逆序输出

实现功能：

编写一个 Java 程序，实现以下功能：

(1) 输入一个字符串。

(2) 将该字符串逆序输出。

运行结果：

程序运行结果如图 3-8 所示。

```
Markers  Properties  Servers  Data Source Explorer
<terminated> StringDemo [Java Application] G:\Program Files\Java\
请输入一个字符串：
abcde
反转后的字符串：
第一种方法：edcba
第二种方法：edcba
```

图 3-8　程序运行结果

参考代码：

```
import java.util.Scanner;
public class StringDemo {
    public static void main(String[] args) {
        Scanner sc = new Scanner(System.in);
        System.out.println("请输入一个字符串: ");
        String str = sc.nextLine();
        System.out.println("反转后的字符串: ");
        String str1 = reserve1(str);
        String str2 = reserve2(str);
        System.out.println("第一种方法: " + str1);
        System.out.println("第二种方法: " + str2);
    }

    //第一种方法：倒序遍历数组
    public static String reserve1(String str) {
        String str1 = "";
        for (int x = (str.length() - 1); x >= 0; x--) {
            str1 += str.charAt(x);
        }
        return str1;
    }

    //第二种方法：转换为字符数组后反转，然后再把字符数组转回字符串
    public static String reserve2(String str) {
        //转换为字符数组
        char[] str2 = str.toCharArray();
        //数组反转
```

```
        for (int start = 0, end = str2.length - 1; start <= end; start++, end--) {
            char temp = str2[start];
            str2[start] = str2[end];
            str2[end] = temp;
        }
        String str1 = new String(str2);
        return str1;
    }
}
```

习 题 3

一、选择题

1. 下面创建数组的正确语句是(　　)。
　　A．float f[][]=new float[6][6];　　　　B．float f[]=new float[6];
　　C．float f[][]=new float[][6];　　　　D．float [][]f=new float[6][];
2. 数组 a 的第三个元素表示为(　　)。
　　A．a(3)　　　　B．a[3]　　　　C．a(2)　　　　D．a[2]
3. 关于数组作为方法的参数时，向方法传递的是(　　)。
　　A．数组的引用　　　　　　　　B．数组的栈地址
　　C．数组自身　　　　　　　　　D．数组的元素
4. 引用数组元素时，数组下标可以是(　　)。
　　A．整型常量　　　　　　　　　B．整型变量
　　C．整型表达式　　　　　　　　D．以上均可
5. 定义了 int 型二维数组 a[6][7]后，数组元素 a[3][4]前的数组元素个数为(　　)。
　　A．24　　　　　B．25　　　　　C．18　　　　　D．17
6. 下面程序的运行结果是(　　)。
```
main() {
    int a[][]={{1, 2, 3}, {4, 5, 6}};
    System.out.print (a[1][1]);
}
```
　　A．3　　　　　B．4　　　　　C．5　　　　　D．6
7. 下列数组声明，表示错误的是(　　)。
　　A．int[] a　　　B．int a[]　　　C．int[][] a　　　D．int[]a
8. 设有整型数组的定义 int a[]=new int[8]，则 a.length 的值为(　　)。
　　A．6　　　　　B．7　　　　　C．8　　　　　D．9
9. 顺序执行下列程序语句后，b 的值是(　　)。

String a = "Hello";
String b =a.substring(0，2);

A．He　　　　　B．hello　　　　　C．Hello　　　　　D．null

二、简答题

1．如何声明和创建一个一维数组？

2．如何访问数组的元素？

3．数组下标的类型是什么？最小的下标是什么？一维数组 a 的第三个元素如何表示？

4．数组越界访问会发生什么错误？怎样避免该错误？

三、编程题

1．有一个整数数组，其中存放着序列 1，3，5，7，9，11，13，15，17，19。请将该序列倒序存放并输出。

2．编写一个程序，提示用户输入学生数量、姓名和他们的成绩，并按照成绩的降序来打印学生的姓名。

第4章 类和对象

教学目标

(1) 了解程序设计语言的发展；
(2) 理解 Java 面向对象的基本概念；
(3) 了解面向对象的编程的特性；
(4) 掌握创建类和对象的方法；
(5) 理解构造方法的作用；
(6) 熟练掌握访问控制权限修饰符的使用方法；
(7) 了解类库中几种常类的应用。

4.1 面向对象的基本概念

4.1.1 程序设计语言的发展

程序设计语言可以分为三类，一类是面向机器的低级程序设计语言，这属于第一代程序设计语言，早期的程序设计需要面向机器来编写代码，针对不同的机器编写不同的二进制代码来控制计算机执行操作，例如 0110001 这样的指令序列。这样的代码阅读性差、难以编写和理解，对于后续的修改、移植也困难重重。人们迫切地希望能出现一种接近于自然语言的程序设计语言。于是，在 20 世纪 50 年代出现了汇编语言，在编写程序的时候能够通过一些简单的命令来代替二进制指令。但汇编语言仍然是面向机器的底层程序设计语言，在面对不同的机器时要编写不同的代码。

在 20 世纪 60 年代出现了面向过程的高级程序设计语言，面向过程就是分析出解决问题所需要的步骤，然后用函数把这些步骤一步一步实现，使用的时候依次调用这些函数。它的特点是模块化、流程化，将一个复杂的任务按照功能进行拆分，然后自上而下逐步实现。这种编程语言的性能较高，单片机、嵌入式开发等一般采用面向过程开发，性能是最重要的因素。缺点是不易维护、复用和扩展。比较著名的语言如 C 语言、Pascal、FORTRAN 等。

还有一类高级程序设计语言就是目前使用最为广泛的面向对象程序设计语言。面向对象是把问题事物分解成各个对象，把多个功能合理地放到不同对象里，强调的是具备某些功能的对象。通过调用对象的方法来实现程序功能。它的特点是结构清晰、实现简单、可有效地减少程序的维护工作量、代码重用率高。缺点就是类在调用时需要实例化，开销较大，比较消耗资源。比较著名的语言如 C++、Java、Python 等。

4.1.2 面向对象程序设计方法

面向对象程序设计的宗旨是万物皆对象。对象是程序设计的核心，每个对象都有自己的属性和能够执行的操作，通过各个对象之间相互通信、配合，从而实现整个程序的功能。那么什么是对象呢？举个简单的例子，比如人类就是一个对象，而对象是有属性和方法的，那么身高、体重、年龄、姓名、性别这些是每个人都有的特征，这些特征可以概括为属性。当然了，我们还会思考、学习、运动、吃饭，这些行为相当于对象的方法。面向对象编程具有 3 个特性，即封装、继承和多态。

1．封装

封装就是把客观事物封装成抽象的类，并且类可以把自己的数据和方法只让可信的类或者对象操作，对不可信的进行信息隐藏。也就是把属性私有化，提供公共方法访问私有对象。在一个对象内部，某些代码或某些数据可以设置为私有的，不能被外界访问。通过这种方式，对象对内部数据提供了不同级别的保护，以防止程序中无关的部分意外地改变或错误地使用了对象的私有部分。封装的作用是可以隐藏实现细节，使得代码模块化，提高安全性。

2．继承

继承是类之间的一种关系，当多个类具有相同的特征(属性)和行为(方法)时，可以将相同的部分抽取出来放到一个类中作为父类，其他类继承这个父类。继承后子类自动拥有了父类的属性和方法，比如猫、狗、熊猫他们共同的特征都是动物，有颜色、会跑、会叫等特征。我们可以把这些特征抽象成一个 Animal 类(也就是父类)。然而它们也有自己独有的特性，比如猫会抓老鼠、喵喵叫，熊猫有黑眼圈、能吃竹子，狗会汪汪叫。于是我们就根据这些独有的特征分别抽象出来 Cat、Dog、Panda 类等。他们拥有 Animal 类的一般属性和方法，也拥有自己特有的某些属性和方法。

但特别注意的是，父类的私有属性(private)和构造方法不能被继承。另外子类可以写自己特有的属性和方法，目的是实现功能的扩展，子类也可以复写父类的方法，即方法的重写。子类不能继承父类中访问权限 private 的成员变量和方法。继承的作用是可以扩展已存在的代码模块(类)，实现代码重用，提高效率。

3．多态

多态是指一个类实例的相同方法在不同情形下有不同表现形式。多态机制使具有不同内部结构的对象可以共享相同的外部接口。这意味着，虽然针对不同对象的具体操作不同，但通过一个公共的类，它们(那些操作)可以通过相同的方式予以调用。实现多态，有两种方式，覆盖和重载。覆盖是指子类重新定义父类的虚函数的做法。重载是指允许存在多个同名函数，而这些函数的参数表不同(或许参数个数不同，或许参数类型不同，或许两者都不同)。多态的意义在于，它实现了接口重用，带来的好处是程序更易于扩展，代码重用更加方便，更具有灵活性。

以上概念，我们将会在接下来的章节中逐一讲解。

4.2 类的定义和构造方法

4.2.1 类的定义

Java 是面向对象的语言，所有 Java 程序都是以类为组织单元。我们在写一个面向对象的程序的时候，类就是组成程序的最基本的元素，必须先写一个类，然后才能有对象。那么什么是类呢？类是对一组有相同属性和相同功能的对象的概括，一个类所包含的数据和方法能够描述一组对象的共同属性和行为。比如生活中经常看到的自行车、公交车、轿车等，它们包含一些相同的属性，例如运行速度、轮子数目、重量、可承载人数等，同时它们还具有一些相同的功能，例如加速、减速、刹车、转弯等操作，那么我们可以结合这些共有的属性和功能把它们统称为车这个类。类中定义的属性称为成员变量，处理属性数据的操作称为成员方法。

类可以同时包含成员变量和成员方法，也可以只包含成员变量，或者只包含成员方法，甚至可以是既不包含成员变量也不包含成员方法的空类。

定义一个类的步骤：

(1) 定义类使用关键字 class，然后定义类名。
(2) 编写类的属性，即声明变量。
(3) 编写类的方法。

类的一般格式如下：

```
class 类名{
    //定义属性部分(成员变量)
    属性 1 的类型  属性 1;
    属性 2 的类型  属性 2;
    ...
    属性 m 的类型  属性 m;
    //定义方法部分
    方法 1();
    方法 2();
    ...
    方法 n();
}
```

说明：

(1) class 是 Java 的关键字，表明其后定义的是一个类。
(2) 类名必须是合法的标识符，一般情况下单词首字母大写。如果类名由多个单词组成，每个单词的首字母均要大写，其余字母小写。类名最好见名知意，如 People、HelloWorld 等。

(3) 属性的类型可以是 Java 的基本数据类型，也可以是数组、字符串或者其他类等引用数据类型。多个同类型的变量，也可以一起声明。

(4) class 前的修饰符可以有多个，用来限定类的使用方式，在后续章节会详细说明。

【例 4-1】 定义一个手机的类，名为 Telphone，同时定义它的三个属性变量：屏幕尺寸、CPU、内存，使它具有打电话、发短信、显示手机信息等功能。

```java
public class Telphone {
    //成员变量(属性)
    float screen;              //屏幕尺寸
    float cpu;                 //cpu
    float mem;                 //内存
    //方法(功能)
    public void call() {
        System.out.println("Telphone 有打电话的功能");
    }
    public void sentMessage() {
        System.out.println("Telphone 有发短信的功能");
    }
    public void show() {
        System.out.println(" screen:"+ screen + " cpu:"+ cpu + " mem:"+ mem);
    }
}
```

【例 4-2】 编写一个仿真自动售货机(VendingMachine)的程序，它的属性包括：商品单价(price)、投入的金额(balance)、营业额(total)，同时它具有能够显示欢迎信息(showPrompt)、投币(insertMoney)、显示投入的金额(showBalance)、发放商品(getFood)等功能。

```java
public class VendingMachine {
    int price;
    int balance;
    int total;

    void showPrompt() {
        System.out.println("Welcome");
    }
    void insertMoney(int amount) {
        balance = balance + amount;
    }
    void showBalance() {
        System.out.println(balance);
    }
```

```java
void sendFood() {
    //如果投入的金额大于商品价格就可以获得商品
    if(balance>=price) {
        System.out.println("Here you are!");
        balance = balance - price;
        total = total + price;
    }
}
```

4.2.2 构造方法

构造方法是一种特殊的成员方法，其作用是负责对象的初始化工作，为实例变量赋予合适的初始值。定义构造方法的格式是：

类名(形参列表){
　　//方法体；
}

构造方法必须满足以下语法规则：

(1) 构造方法的方法名必须与类名一样。
(2) 构造方法没有返回类型，也不能定义为 void，在方法名前面不声明方法类型。
(3) 构造方法不能被 static、final、synchronized、abstract 和 native 修饰。
(4) 构造方法在初始化对象时自动执行，一般不能显式地直接调用。当同一个类存在多个构造方法时，Java 编译系统会自动按照初始化时最后面括号的参数个数以及参数类型来一一对应，完成构造函数的调用。
(5) 构造方法的访问修饰符只能使用 public 或者默认，一般声明为 public，如果保持默认则只能在同一个包中创建该类的对象。
(6) 构造方法分为两种：无参构造方法和有参构造方法。

【例 4-3】 将例 4-1 的 Telphone 类分别定义无参构造方法和有参构造方法，并为成员变量赋初值。

```java
public class Telphone {
    float screen;            //屏幕尺寸
    float cpu;               //cpu
    float mem;               //内存

    public Telphone() {
        screen = 5.0f;
        cpu = 2.0f;
        mem = 128.0f;
        System.out.println("无参构造方法执行了");
```

```
    }

    public Telphone(float s, float c, float m) {
        screen = s;
        cpu = c;
        mem = m;
        System.out.println("有参构造方法执行了");
    }

    void show() {
        System.out.println("screen:" + screen + " " + "cpu:" + cpu + " " + "mem:" + mem);
    }

    public static void main(String[] args) {
        //通过无参的构造方法可以创建对象
        Telphone phone1 = new Telphone();
        phone1.show();
        //通过有参的构造方法也可以创建对象，并给对象中的实例变量赋初值
        Telphone phone2 = new Telphone(5.0f, 4.0f, 256.0f);
        phone2.show();
    }
}
```

程序运行结果如图 4-1 所示。

```
<terminated> Telphone [Java Application] G:\Program Files\Java\jre1.8.0_181\bin\j
无参构造方法执行了
screen:5.0 cpu:2.0 mem:128.0
有参构造方法执行了
screen:5.0 cpu:4.0 mem:256.0
```

图 4-1　程序运行结果

4.3　对象的创建

对象是类的一个实例，也可以把它理解为类中的一个特定的个体。创建对象的过程可以称为类的实例化，一个类中可以包含多个实例，也就是说可以创建多个对象。对象创建后，系统会为对象分配内存，保存对象的成员变量值。那么为什么要创建对象呢？这里可以这样理解，如果让你画一个三角形或者圆形，你可以很快地画出来，那如果让你画一个

图形呢？在这里，三角形或者圆形就是图形的实例。所以在定义一个类后，如果要使用这个类，就要实例化该类的对象。

4.3.1 对象的声明和创建

对象是根据类创建的。在 Java 中，使用关键字 new 来创建一个新的对象。创建对象需要以下三步：

(1) 声明：声明一个对象，包括对象名称和对象类型。

(2) 实例化：使用关键字 new 来创建一个对象，new 运算符用于为对象分配存储空间。

(3) 初始化：使用 new 创建对象时，会调用构造方法初始化对象。

创建对象的一般格式：

  类名 对象名；

  对象名 = new 类名()；

或者，也可以将上述两行代码合写成：

  类名 对象名 = new 类名()；

例如：

  Telphone phone

  phone = new Telphone();

或者：

  Telphone phone = new Telphone();

一个类中可以创建多个对象，对象创建后就拥有了类中所有的成员变量和方法，例如上述例子中 Telphone 类中可以创建多个对象。

  Telphone phone1 = new Telphone();

  Telphone phone2 = new Telphone();

系统为新创建的对象分配内存空间，用于存储对象的成员变量值。每次创建一个新的对象，系统就会为新对象分配独立的内存空间。上述例子中，Telphone 类创建了 phone1 和 phone2 两个对象，它们的成员变量的存储地址是不同的，如图 4-2 所示。

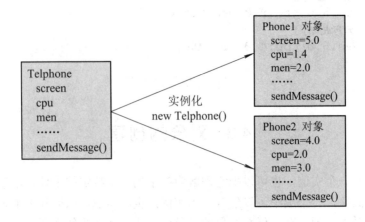

图 4-2 一个类中可以定义不同的对象

4.3.2 对象的使用

对象的使用原则是先定义后使用。对象在创建之后就拥有了类定义中的所有成员变量，可以使用"."运算符对各个成员进行访问，完成各种操作。引用对象成员的一般格式是：

  对象名.成员变量；
  对象名.成员方法()；

例如：

引用对象的成员变量：

  Telphone phone1 = new Telphone();
  phone1.screen = 5;   //给 screen 属性赋值 5
  phone1.cpu = 1.4;   //给 cpu 属性赋值 1.4

引用对象的成员方法：

  phone1.sendMessage(); //调用 sendMessage()方法

下面通过两个例子说明对象的创建和使用。

【例 4-4】 为例 4-1 的 Telphone 类创建对象，并对其成员变量和方法进行访问，完成各种操作。

```java
public class Telphone {
    // 成员变量(属性)
    float screen;        //屏幕尺寸
    float cpu;           //cpu
    float mem;           //内存

    // 成员方法(功能)
    public void call() {
        System.out.println("Telphone 有打电话的功能");
    }

    public void sendMessage() {
        System.out.println("Telphone 有发短信的功能");
    }

    public void show() {
        System.out.println("screen:" + screen + " cpu:" + cpu + " mem:" + mem);
    }

    public static void main(String args[]) {
        //创建对象 phone1
        Telphone phone1 = new Telphone();
```

```java
        //给实例变量赋值
        phone1.screen = 5.0f;
        phone1.cpu = 1.4f;
        phone1.mem = 2.0f;
        //调用对象的方法
        phone1.call();
        phone1.sendMessage();
        System.out.println("phone1 的信息为: ");
        phone1.show();
        //创建对象 phone2
        Telphone phone2 = new Telphone();
        //给实例变量赋值
        phone2.screen = 4.0f;
        phone2.cpu = 2.0f;
        phone2.mem = 3.0f;
        //调用对象的方法
        System.out.println("phone2 的信息为: ");
        phone2.show();
    }
}
```

程序运行结果如图 4-3 所示。

```
<terminated> Telphone [Java Application] G:\Program Files\Java\jre1.8.0_181\bin\j
Telphone有打电话的功能
Telphone有发短信的功能
phone1的信息为:
screen:5.0 cpu:1.4 mem:2.0
phone2的信息为:
screen:4.0 cpu:2.0 mem:3.0
```

图 4-3　程序运行结果

【例 4-5】 为例 4-2 的 VendingMachine 类创建对象，假定商品价格 price 为 5 元，投入金额 10 元，完善自动售货机程序。

```java
public class VendingMachine {
    int price;
    int balance;
    int total;
```

```java
    void showPrompt() {
        System.out.println("Welcome");
    }
    void insertMoney(int amount) {
        balance = balance + amount;
    }
    void showBalance() {
        System.out.println("当前余额为: " + balance);
    }
    void sendFood() {
        if(balance>=price)
        {
            System.out.println("Here you are!");
            balance = balance - price;
            total = total + price;
        }
    }

    public static void main(String[] args) {
        VendingMachine vm = new VendingMachine();
        vm.price = 5;
        vm.showPrompt();
        vm.insertMoney(10);
        vm.showBalance();
        vm.sendFood();
        vm.showBalance();
    }
}
```

程序运行结果如图 4-4 所示。

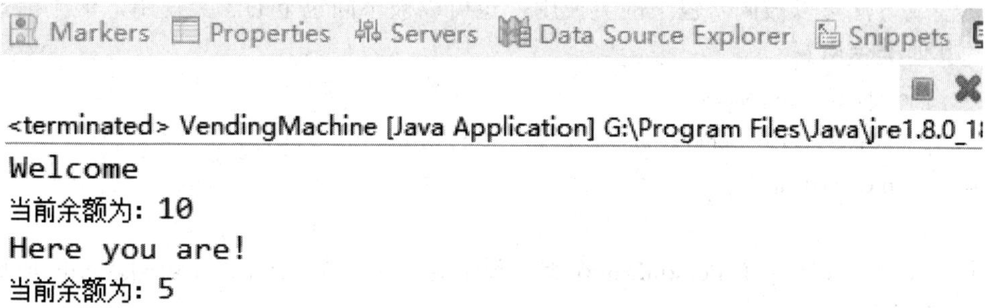

```
<terminated> VendingMachine [Java Application] G:\Program Files\Java\jre1.8.0_1
Welcome
当前余额为: 10
Here you are!
当前余额为: 5
```

图 4-4 程序运行结果

4.4 修饰符的使用

4.4.1 类的访问控制修饰符

针对类的访问控制修饰符，Java 仅能使用 public(公有)和 default(默认)这两种访问控制符。

使用 public 修饰的公有类是类的访问控制级别中使用数量较多的一种，它对所有类都是可见的，既可以被同一个包中的类访问，也可以被其他包中的类访问。例如：

```
public class Telphone {
    //成员变量；
    //方法();
}
```

不使用 public 修饰的类仅允许在包内具有可见性，即只能被同一个包中的类访问，不能被其他包中的类访问。例如：

```
class Telphone {
    //成员变量；
    //方法();
}
```

4.4.2 类成员的访问控制修饰符

针对类成员 Java 提供了四种访问控制符，主要用于控制其他类是否可以访问某一类中的属性或方法，从而实现数据封装。四种访问控制符的权限大小(由大到小)为 public(公有)、protected(保护)、default(默认)、private(私有)。这四种修饰符中，只有 public(公有)和 default(默认)可以用来修饰类。

(1) public(公有)：具有公共访问权限。如果类中的属性或方法被 public 修饰，则此类中的属性或方法可以被任何类调用。

(2) protected(保护)：具有子类访问权限。如果类中属性或方法被 protected 修饰，则此类中属性或方法可以被同一包下的类使用，也可以被不同包下的子类使用，但不能被不同包下的其他类使用。

```
package com.person.test;
public class PersonDemo {
    protected int age;
}
```

上述代码定义了一个 PersonDemo 类，类中定义了一个 protected 访问控制的成员变量 age，该类属于 com.person.test 包。

现在定义一个 SubDemo 类，继承自 PersonDemo 类，此时将该类放在不同包下，在

SubDemo 类中访问 PersonDemo 类中的成员的可行性如下述代码所示，成员变量 age 是可以被 SubDemo 类访问的。

```
package com.student.test;
import com.person.test.PersonDemo;
public class SubDemo extends PersonDemo{
    public static void main(String[] args) {
        SubDemo subDemo = new SubDemo();
        subDemo.age = 18;           //保护属性被不同包下的子类使用
    }
}
```

此时再定义一个 StudentDemo 类，将该类定义在 com.student.test 包中，此时访问不同包下的 PersonDemo 类，protected 访问控制下的 age 属性则不允许被访问，测试代码如下：

```
package com.student.test;
import com.person.test.PersonDemo;
public class StudentDemo {
    public static void main(String[] args) {
        PersonDemo personDemo = new PersonDemo();
        personDemo.age = 18;        //保护属性不能被其他包中的类使用
    }
}
```

(3) default（默认）：具有包访问权限。如果类中属性或方法不使用 public、protected、privete 修饰符修饰时，则说明其具有包访问权限，具有包访问权限的属性或方法既可以被自己类中的方法使用也可以被同一包下的其他类使用，但不能被其他包中的类使用。

```
package com.person.test;
public class PersonDemo {
    int age;
    public void fun() {
        System.out.println(this.age);   //可以访问自己类中的默认属性
    }
}
```

上述代码在 PersonDemo 类中定义了一个默认访问控制的成员变量 age，将 PersonDemo 类定义在 com.person.test 包中。

此时再定义一个 ManagerDemo 类，该类与 PersonDemo 类存在于同一包中，在 ManagerDemo 类中可以访问 PersonDemo 类中的成员变量 age。测试代码如下：

```
package com.person.test;
public class ManagerDemo {
    public static void main(String[] args) {
        PersonDemo personDemo = new PersonDemo();
```

```
            personDemo.age = 18;           //可以访问同一包下类中的默认属性
        }
    }
```

再定义一个 StudentDemo 类，该类与 PersonDemo 类存在于不同的包中，此时在 StudentDemo 类中访问 StudentDemo 类中的成员变量，程序报错，不能访问不通报下的默认属性。

```
    package com.student.test;
    import com.person.test.PersonDemo;
    public class StudentDemo {
        public static void main(String[] args) {
            PersonDemo personDemo = new PersonDemo();
            personDemo.age = 18;           //不能访问不同包下类中的默认属性
        }
    }
```

(4) private(私有)：当类中属性或方法被 private 修饰时，表示此成员或方法只能被自己类中的方法使用，而不能被外部类或对象直接使用。

例如：

创建两个类，Person.java 和 PersonTest.java

```
    class Person {
        private String name = "";
        private void fun() {
            System.out.println(this.name);    //可以访问自己类中的私有属性
        }
        public void fun1() {
            fun();                            //可以访问自己类中的私有方法
        }
    }
```

上述代码在 Person 类中定义了 private 访问控制的成员变量 name 和成员方法 fun()。在该类中再定义一个测试方法 fun1()，在 fun1()方法中访问被 private 修饰的 fun()方法，程序无异常，可以访问自己类中的私有方法。

再定义一个测试类 PersonTest 类，在该类中访问 Person 类中的被 private 修饰的成员变量和方法，程序报错。测试代码如下：

```
    public class PersonTest {
        public static void main(String[] args) {
            Person person = new Person();
            person.name = "张三";             //不能访问 Person 类中的私有属性
            person.fun();                    //不能访问 Person 类中的私有方法
        }
    }
```

下面给出四种类成员的访问控制符的作用级别,如表 4-1 所示。

表 4-1 访问控制符权限

访问修饰符	本类	同包	子类	其他
public(公有)	√	√	√	√
protected(保护)	√	√	√	
default(默认)	√	√		
private(私有)	√			

4.4.3 static 修饰符的使用

Java 中可以使用 static 关键字修饰类的成员变量和方法,这些被 static 关键字修饰的成员也称为静态成员。在程序中任何变量或者代码都是在编译时由系统自动分配内存来存储的,而所谓静态就是指在编译后所分配的内存会一直存在,直到程序退出内存才会释放这个空间,也就是只要程序在运行,那么这块内存就会一直存在。这样做有什么意义呢?

在 Java 程序里面,所有的东西都是对象,而对象的抽象就是类,对于一个类而言,如果要使用它的成员,那么普通情况下必须先实例化对象后,通过对象的引用才能够访问这些成员,但是有种情况例外,就是该成员是用 static 声明的(在这里所讲排除了类的访问控制)。在 Java 类库当中有很多类成员都声明为 static,可以让用户不需要实例化对象就可以引用成员,最基本的有 Integer.parseInt(),Float.parseFloat()等等用来把对象转换为所需要的基本数据类型。这样的变量和方法我们又叫做类变量和类方法。

被 static 修饰后的成员,在编译时由内存分配一块内存空间,直到程序停止运行才会释放,那么就是说该类的所有对象都会共享这块内存空间。

使用 static 可以修饰变量、方法和代码块。

1. static 变量

Java 语言中没有全局的概念,但可以通过 static 关键字来达到全局的效果。Java 类提供了两种类型的变量:用 static 关键字修饰的静态变量和没有 static 关键字修饰的实例变量。静态变量属于类,只要静态变量所在的类被加载,这个静态类就会被分配空间,因此就可以被使用。对静态变量的引用有两种方式,分别为"类.静态变量"和"对象.静态变量"。

实例变量属于对象,只有对象被创建后,实例变量才会被分配空间,才能被使用,它在内存中存在多个副本,只能用"对象.静态变量"的方式来引用。

静态变量只有一个,被类所拥有,所有的对象都共享这个静态变量,而实例对象与具体对象有关。

【例 4-6】 静态变量程序实例。

```
public class Test {
    static String hobby = "Java";
    public static void main(String[] args) {
        //静态变量可以直接使用类名来访问,无需创建对象
```

```
            System.out.println("通过类名访问 hobby: "+Test.hobby);
            //创建类的对象
            Test t = new Test();
            //使用对象名来访问静态变量
            System.out.println("通过对象名访问 hobby: "+t.hobby);
            //使用对象名的形式修改静态变量的值
            t.hobby = "我爱学 Java";
            //再次使用类名访问静态变量，值已被修改
            System.out.println("通过类名访问 hobby: "+t.hobby);
        }
    }
```

程序运行结果如图 4-5 所示。

图 4-5　程序运行结果

2. static 方法

与静态变量一样，我们也可以使用 static 修饰方法，称为静态方法或类方法。其实之前我们一直写的 main 方法就是静态方法。静态方法的使用如下。

【例 4-7】　静态方法程序实例。

```
    public class Test1 {
        //使用 static 关键字声明静态方法
        public static void print() {
            System.out.println("我爱学 Java");
        }
        public static void main(String[] args) {
            //直接使用类名调用静态方法
            Test1.print();

            //也可以通过对象名调用，更推荐使用类名调用的方式
            Test1 t = new Test1();
            t.print();
        }
    }
```

程序运行结果如图 4-6 所示。

```
<terminated> Test1 [Java Application] G:\Program Files\Java\jre1.8.0_181\bin\ja
我爱学Java
我爱学Java
```

图 4-6　程序运行结果

注意：

(1) 静态方法中可以直接调用同类中的静态成员，但不能直接调用非静态成员。如果希望在静态方法中调用非静态变量，可以通过创建类的对象，然后通过对象来访问非静态变量。

(2) 在普通成员方法中，则可以直接访问同类的非静态变量和静态变量。

(3) 静态方法中不能直接调用非静态方法，需要通过对象来访问非静态方法。

3．static 代码块

在类的声明中，可以包含多个初始化块，当创建类的实例时，就会依次执行这些代码块。如果使用 static 修饰初始化块，就称为静态初始化块。静态初始化块只在类加载时执行，且只会执行一次，同时静态初始化块只能给静态变量赋值，不能初始化普通的成员变量。

【例 4-8】　静态初始化程序实例。

```java
public class Test2 {
    int num1;
    int num2;
    static int num3;
    public Test2() {
        num1 = 27;
        System.out.println("通过构造方法为变量 num1 赋值");
    }
    {
        num2 = 49;
        System.out.println("通过初始化块为变量 num2 赋值");
    }
    static {
        num3 = 53;
        System.out.println("通过静态初始化块为变量 num3 赋值");
    }
    public static void main(String[] args) {
        Test2 t = new Test2();
        System.out.println("num1:" + t.num1);
        System.out.println("num2:" + t.num2);
```

```
                System.out.println("num3:" + num3);
                Test2 t1 = new Test2();
        }
    }
```
程序运行结果如图 4-7 所示。

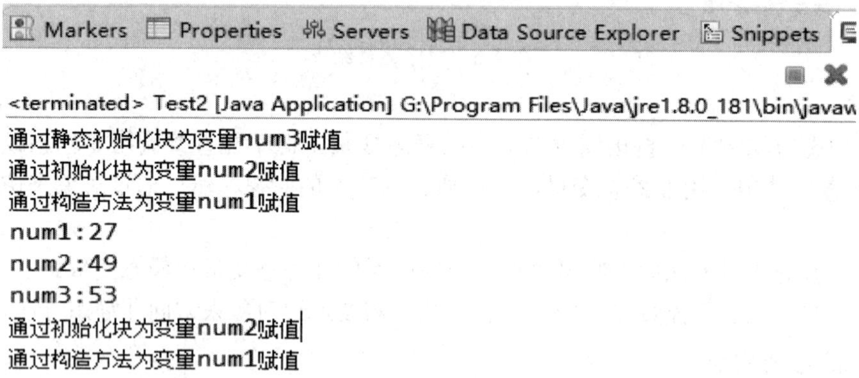

```
<terminated> Test2 [Java Application] G:\Program Files\Java\jre1.8.0_181\bin\javaw
通过静态初始化块为变量num3赋值
通过初始化块为变量num2赋值
通过构造方法为变量num1赋值
num1:27
num2:49
num3:53
通过初始化块为变量num2赋值
通过构造方法为变量num1赋值
```

图 4-7　程序运行结果

通过输出结果，我们可以看到，程序运行时静态初始化块最先被执行，然后执行普通初始化块，最后才执行构造方法。由于静态初始化块只在类加载时执行一次，所以当再次创建对象 Test2 时并未执行静态初始化块。

4.5　基础类的使用

4.5.1　Math 类的使用

Math 类包含常用的数学运算的标准方法，如初等指数、对数、平方根、三角函数等。Math 类提供的方法都是静态的，可以直接调用，无需实例化。Math 类常用的静态方法如表 4-2 所示。

表 4-2　Math 类常用的方法

方　法　名	功　能　描　述
abs(double a)	绝对值
ceil(double a)	得到不小于某数的最小整数
floor(double a)	得到不大于某数的最大整数
round(double a)	四舍五入返回 int 型或者 long 型
max(double a，double b)	求两数中较大值
min(double a，double b)	求两数中较小值
sin(double a)	正弦

续表

方 法 名	功 能 描 述
tan(double a)	正切
cos(double a)	余弦
sqrt(double a)	平方根
pow(double a，double b)	第一个参数的第二个参数次幂的值
random()	返回在 0.0 和 1.0 之间的数，大于 0.0，小于 1.0

Math 类除了提供大量的静态方法之外，还提供了两个静态常量：PI 和 E，分别表示 π 和 e 的值。

4.5.2 Date 类的使用

Date 类用来表示日期和时间，该时间是一个长整型(long)，精确到毫秒，其常用的方法如表 4-3 所示。

表 4-3 Date 类常用方法

方 法 名	功 能 描 述
Date()	默认构造方法，创建一个 Date 对象并以当前系统时间来初始化该对象
Date(long date)	构造方法，以指定的 long 值初始化一个 Date 对象，该 long 值是自 1970 年 1 月 1 日 00:00:00 GMT 时间以来的毫秒数
boolean after(Date when)	判断日期是否在指定日期之后，如果是则返回 true，否则返回 false
boolean before(Date when)	判断日期是否在指定日期之前，如果是则返回 true，否则返回 false
inter compareTo(Date date)	与指定日期进行比较，如果相等则返回 0；如果在指定日期之前则返回小于 0 的数；如果在指定日期之后则返回大于 0 的数
String toString()	将日期转换成字符，字符串格式是：dow mon dd hh：mm：ss zzz yyyy 其中 dow 是一周中的一天(Sun, Mon, Tue, Wed, Thu, Fri, Sat)；mon 是月份；dd 是天；hh 是小时；mm 是分钟；ss 是秒；zzz 是时间标准的缩写，如 CST 等；yyyy 是年。例如"Mon Nov 03 20:20:07 CST 2014"

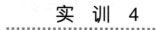

实 训 4

面向对象的概念与 Java 实现 1——坦克游戏

实现功能：

编写一个 Java 程序，实现以下功能：

(1) 该程序有两个类，分别为 Tank 类和 Fight 类。

(2) Tank 类用于刻画坦克，它具有属性 speed(坦克速度)、bulletAmount(炮弹数量)，它还具有加速(speedUp)、减速(speedDown)、设置炮弹数量(setBulletAmount)和开炮(fire)的行为。

(3) Fight 类为主类，用于坦克对象的创建及调用坦克的各种方法。

运行结果：

程序运行结果如图 4-8 所示。

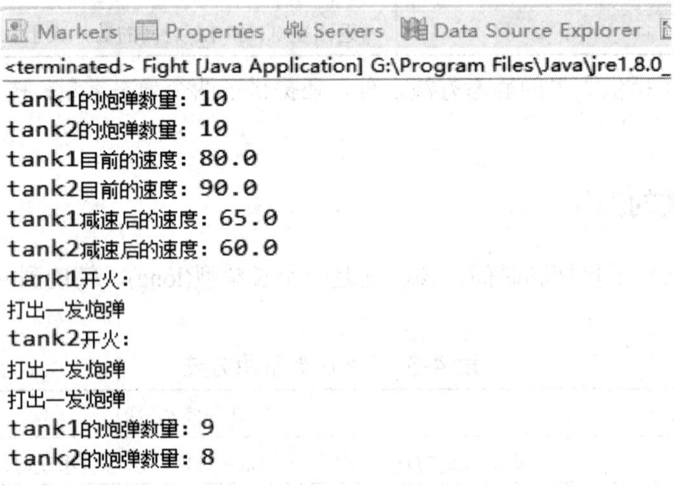

```
tank1的炮弹数量：10
tank2的炮弹数量：10
tank1目前的速度：80.0
tank2目前的速度：90.0
tank1减速后的速度：65.0
tank2减速后的速度：60.0
tank1开火：
打出一发炮弹
tank2开火：
打出一发炮弹
打出一发炮弹
tank1的炮弹数量：9
tank2的炮弹数量：8
```

图 4-8 程序运行结果

参考代码：

```java
//Tank 类
public class Tank {
    double speed;              //声明 double 型变量 speed，刻画速度
    int bulletAmount;          //声明 int 型变量 bulletAmount，刻画炮弹数量

    void speedUp(int s) {
        speed = s + speed;     //将 s+speed 赋值给 speed
    }

    void speedDown(int d) {
        if (speed - d >= 0)
            speed = speed - d; //将 speed-d 赋值给 speed
        else
            speed = 0;
    }

    void setBulletAmount(int m) {
        bulletAmount = m;
```

```java
    }

    int getBulletAmount() {
        return bulletAmount;
    }

    double getSpeed() {
        return speed;
    }

    void fire() {
        if (bulletAmount >= 1) {
            bulletAmount = bulletAmount - 1;    //将 bulletAmount-1 赋值给 bulletAmount
            System.out.println("打出一发炮弹");
        } else {
            System.out.println("没有炮弹了，无法开火");
        }
    }
}

//Fight 类
public class Fight {
    public static void main(String[] args) {
        // TODO Auto-generated method stub
        Tank tank1, tank2;
        tank1 = new Tank();
        tank2 = new Tank();
        tank1.setBulletAmount(10);
        tank2.setBulletAmount(10);
        System.out.println("tank1 的炮弹数量: " + tank1.getBulletAmount());
        System.out.println("tank2 的炮弹数量: " + tank2.getBulletAmount());
        tank1.speedUp(80);
        tank2.speedUp(90);
        System.out.println("tank1 目前的速度: " + tank1.getSpeed());
        System.out.println("tank2 目前的速度: " + tank2.getSpeed());
        tank1.speedDown(15);
        tank2.speedDown(30);
        System.out.println("tank1 减速后的速度: " + tank1.getSpeed());
        System.out.println("tank2 减速后的速度: " + tank2.getSpeed());
```

```
            System.out.println("tank1 开火: ");
            tank1.fire();
            System.out.println("tank2 开火: ");
            tank2.fire();
            tank2.fire();
            System.out.println("tank1 的炮弹数量: " + tank1.getBulletAmount());
            System.out.println("tank2 的炮弹数量: " + tank2.getBulletAmount());
        }
    }
```

面向对象的概念与 Java 实现 2——机动车类

实现功能：

编写一个 Java 程序，实现以下功能：

(1) 创建一个叫作机动车的类 Car：

a. 属性：车牌号(String)，车速(int)，载重量(double)。

b. 功能：加速(车速自增)、减速(车速自减)、修改车牌号，查询车的载重量。

c. 编写两个构造方法：一个没有形参，在方法中将车牌号设置"XX1234"，速度设置为 100，载重量设置为 100；另一个能为对象的所有属性赋值。

(2) 创建主类 Test：

a. 在主类中创建两个机动车对象。

b. 创建第一个时调用无参数的构造方法，调用成员方法使其车牌为"辽 A9752"，并让其加速。

c. 创建第二个时调用有参数的构造方法，使其车牌为"辽 B5086"，车速为 150，载重为 200，并让其减速。

d. 输出两辆车的所有信息

运行结果：

程序运行结果如图 4-9 所示。

图 4-9　程序运行结果

参考代码:

```java
//Car 类
public class Car {
    private String number;          //车牌
    private int speed;              //车速
    private double load;            //载重
    private String message;         //信息

    //无参有返回值
    public String getNumber() {
        return number;
    }

    public void setNumber(String number) {
        this.number = number;
    }

    public int getSpeed() {
        return speed;
    }
    public void setSpeed(int speed) {
        this.speed = speed;
    }

    public double getLoad() {
        return load;
    }

    public void setLoad(double load) {
        this.load = load;
    }

    public double addSpeed(int sd) {
        speed += sd;
        return speed;
    }

    public int downSpeed(int sd) {
        speed -= sd;
```

```java
        return speed;
    }

    //构造方法
    Car() {
        number = "XX1234";
        speed = 100;
        load = 100;
    }

    Car(String number, int speed, double load) {
        this.number = number;
        this.speed = speed;
        this.load = load;
    }

    //有参无返回值
    void Xinxi(String n, int s, double l) {
        message = n + s + l;
        System.out.println("机动车 2 的车牌号是: " + n + "车速: " + s + "载重: " + l);
    }
}
//Test 类
public class Test {
    public static void main(String[] args) {
        // TODO Auto-generated method stub
        Car jd=new Car();
        jd.setNumber("XX1234");
        System.out.println("车牌号是: " + jd.getNumber());

        jd.setLoad(100);
        System.out.println("载重是: "+jd.getLoad());

        jd.setSpeed(100);
        System.out.println("车速是: "+jd.getSpeed());
        System.out.println("机动车 1 的车牌是: " + jd.getNumber() + "载重: " + jd.getLoad()
                +"车速: "+jd.getSpeed());

        //调用无参数的构造方法
```

jd.setNumber("辽 A9752");

System.out.println("修改车牌号是: " + jd.getNumber());

System.out.println("加速后为: " + jd.addSpeed(20));

//调用有参构造方法

Car jd2=new Car ("辽 B5086", 150, 200);

jd2.Xinxi("辽 B5086", 150, 200);

System.out.println("减速后为: " + jd2.downSpeed(20));

    }

}

习 题 4

一、选择题

1．下面关于 Java 中类的说法哪个是不正确的(　　)。
   A．类体中只能有变量定义和成员方法的定义，不能有其他语句
   B．构造方法是类中的特殊方法
   C．类一定要声明为 public 的，才可以执行
   D．一个 java 文件中可以有多个 class 定义

2．类是具有相同(　　)的集合，是对对象的抽象描述。
   A．属性和方法　　　　　　　　　B．变量和方法
   C．变量和数据　　　　　　　　　D．对象和属性

3．main()方法的返回类型是(　　)。
   A．boolean　　　B．int　　　C．void　　　D．static

4．void 的含义是(　　)。
   A．方法体为空　　　　　　　　　B．方法体没有意义
   C．定义方法时必须使用　　　　　D．方法没有返回值

5．下面关于类和对象之间关系的描述，正确的是(　　)。
   A．联接关系　　　　　　　　　　B．包含关系
   C．具体与抽象的关系　　　　　　D．类是对象的具体化

6．下列哪个类声明是正确的(　　)。
   A．public void H1｛…｝　　　　　B．public class Move()｛…｝
   C．public class void number{…}　　D．public class Car｛…｝

7．定义类头时，不可能用到的关键字是(　　)。
   A．class　　　　　　　　　　　　B．private
   C．extends　　　　　　　　　　　D．public

8. 以下( )是专门用于创建对象的关键字。
    A．new   B．double
    C．class   D．int

9. 设 ClassA 为已定义的类名，下列声明 Class A 类的对象 ca 的语句中正确的是( )。
    A．ClassA ca=new ClassA();   B．public ClassA ca=ClassA();
    C．ClassA ca=new class();   D．ca ClassA;

10. 利用方法中的( )语句可为调用方法返回一个值。
    A．return   B．back
    C．end   D．以上答案都不对

二、简答题

1. 类与对象的关系是什么？
2. 如何定义一个类？类中包含哪几个部分？
3. Java 的访问限定修饰符有几种，各自的访问权限是什么？

三、编程题

1. 编写一个 People 类，要求如下：

(1) People 类的属性如下：

name：String 类对象，代表姓名；

age：int 类型，代表年龄；

sex：char 类型，代表性别；

height：double 类型，代表身高；

(2) People 类的方法如下：

People(String n，int a，char s，double h)：有参构造方法，形参表中的参数分别初始化姓名、年龄、性别、身高。

Talk()：能输出"你好"。

Calculate()：计算加法，使用 return 语句返回 23 + 45 的值。

2. 编写一个 Point 类，有 x 和 y 两个属性。再编写一个 PointDemo 类，并提供一个 distance()方法用于计算两点之间的距离，实例化两个具体的 Point 对象并显示它们之间的距离。

第 5 章　Java 面向对象的特征

教学目标

(1) 理解封装性；
(2) 掌握继承的实现方法以及类成员的访问和继承原则；
(3) 理解抽象类和最终类的特点及使用场合；
(4) 掌握多态技术的具体形式与应用；
(5) 理解接口的含义与作用，会使用接口进行简单的程序设计；
(6) 了解 Java 的常用类库包。

5.1　封　　装

在面向对象程序设计方法中，封装是一种将抽象性函式接口的实作细节部分包装、隐藏起来的方法。封装可以被认为是一个保护屏障，防止该类的代码和数据被外部类定义的代码随机访问。要访问该类的代码和数据，必须通过严格的接口控制。封装是一种信息隐藏技术，在 Java 中通过关键字 private 实现封装。

【例 5-1】　封装范例。

```java
public class Flower {
    private String name;
    private String color;
    private String size;
    public String getName() {
        return name;
    }
    public void setName(String name) {
        this.name = name;
    }
    public String getColor() {
        return color;
    }
```

```
        public void setColor(String color) {
            this.color = color;
        }
        public String getSize() {
            return size;
        }
        public void setSize(String size) {
            this.size = size;
        }
    }
```

在例 5-1 中,所有的成员变量都用 private 修饰,均不能通过变量名直接访问,无论是赋值还是读取,都需要通过 get 和 set 方法读取,这样可充分保障变量的安全。

5.2 继 承

继承性反映了类之间的一种关系。一个类可以继承其他类的所有成员,包括成员变量和成员方法,该类还可以拥有自己的成员。被继承的类称为父类,继承后生成的新类称为子类。父类和子类之间是集成管理关系,又称为派生关系。

Java 语言仅支持单继承,即每个子类只允许有一个父类,而不允许有多个父类,但是可以从一个父类中生成若干个子类。继承不改变成员变量的访问权限,父类中的公有成员、私有成员和保护成员,在子类中仍然是公有成员、私有成员和保护成员。

5.2.1 继承的实现

在讲解继承的基本概念之前,读者可以先想一想这样一个问题:现在假设有一个 Person 类,里面有 name 与 age 两个属性,而另外一个 Student 类,需要有 name、age、school 三个属性,如图 5-1 所示,从这里可以发现 Person 类中已经存在有 name 和 age 两个属性,所以不希望在 Student 类中再重新声明这两个属性,这个时候就需要考虑是不是可以将 Person 类中的内容继续保留到 Student 类中,也就是引出了接下来所要介绍的类的继承概念。

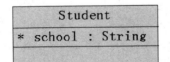 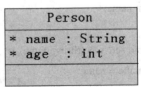

图 5-1 Student 类与 Person 类

在这里希望 Student 类能够将 Person 类的内容继承下来后继续使用,可用图 5-2 表示。

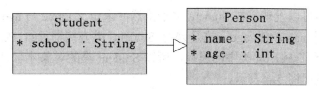

图 5-2 Person 与 Student 的继承关系

Java 类的继承格式如下：

    class　子类名　extends　父类名

    {子类体}

【例 5-2】 子类继承父类示例。

```
class Person
{
    String name;
    int age;
}
class Student extends Person
{
    String school;
}
public class TestPersonStudentDemo
{
    public static void main(String[] args)
    {
        Student s = new Student();
        //访问 Person 类中的 name 属性
        s.name = "张三";
        //访问 Person 类中的 age 属性
        s.age = 25;
        //访问 Student 类中的 school 属性
        s.school = "北京";
        System.out.println("姓名: " + s.name+", 年龄: "+s.age+", 学校: "+s.school);
    }
}
```

程序运行结果如图 5-3 所示。

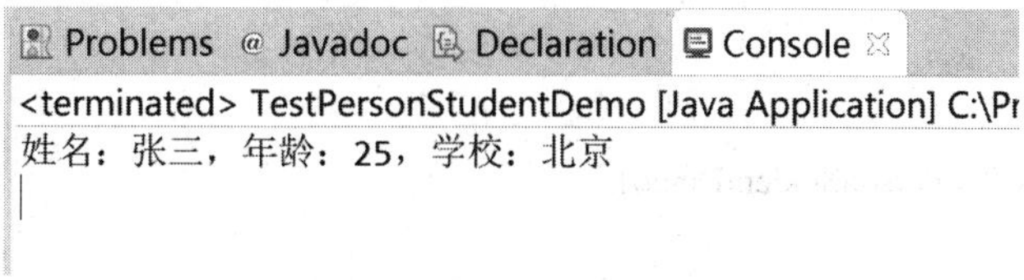

```
Problems  @ Javadoc  Declaration  Console
<terminated> TestPersonStudentDemo [Java Application] C:\Pr
姓名：张三，年龄：25，学校：北京
```

图 5-3　程序运行结果

由上面的程序可以发现，在 Student 类中虽然并未定义 name 与 age 属性，但在程序外部却依然可以调用 name 或 age，这是因为 Student 类直接继承自 Person 类，也就是说 Student 类直接继承了 Person 类中的属性，所以 Student 类的对象才可以访问到父类中的成员。以上所述，可用图 5-4 表示。

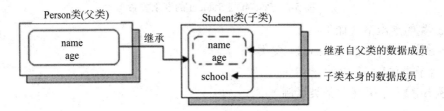

图 5-4　Person 与 Student 的继承关系

5.2.2　子类对象的实例化过程

既然子类可以继承直接父类中的方法与属性，那父类中的构造方法呢？请看下面的范例。

【例 5-3】　TestPersonStudentDemo1.java。

```
class Person
{
    String name;
    int age;
    //父类的构造方法
    public Person()
    {
        System.out.println("1.public Person(){}");
    }
}
class Student extends Person
{
    String school;
    //子类的构造方法
    public Student()
    {
        System.out.println("2.public Student(){}");
    }
}
public class TestPersonStudentDemo1
{
    public static void main(String[] args)
```

```
        {
            Student s = new Student() ;
        }
    }
```
程序运行结果如图 5-5 所示。

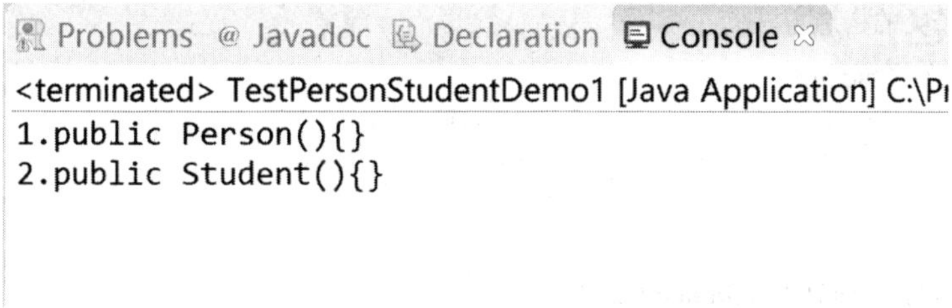

```
<terminated> TestPersonStudentDemo1 [Java Application] C:\P
1.public Person(){}
2.public Student(){}
```

图 5-5　程序运行结果

从程序输出结果中可以发现，虽然程序第 25 行实例化的是子类的对象，但是程序却先去调用父类中的无参构造方法，之后再调用了子类本身的构造方法。所以由此可以得出结论，子类对象在实例化时会默认先去调用父类中的无参构造方法，之后再调用本类中的相应构造方法。在本范例中，实际上在子类构造方法的第一行默认隐含了一个"super()"语句，上面的程序如果改写成下面的形式，也是可以的。

```
class Student extends Person
{
    String school;
    //子类的构造方法
    public Student()
    {
        super();      //实际上在程序的这里隐含了这样一条语句
        System.out.println("2.public Student(){}");
    }
}
```

在子类继承父类的时候经常会有下面的问题发生，请看下面的范例。

【例 5-4】　TestPersonStudentDemo2.java。

```
class Person
{
    String name;
    int age;
    //父类的构造方法
    public Person(String name, int age)
    {
        this.name = name;
        this.age = age;
```

```
    }
}
class Student extends Person
{
    String school ;
    //子类的构造方法
    public Student()
    {
    }
}
public class TestPersonStudentDemo2
{
    public static void main(String[] args)
    {
        Student s = new Student();
    }
}
```

程序编译结果如图 5-6 所示。

```
Problems  @ Javadoc  Declaration  Console
<terminated> TestPersonStudentDemo2 [Java Application] C:\Program Files\Java\jre1.8.0_112\bin\javaw.exe (2019年1月9日 下午
    Implicit super constructor Person() is undefined. Must explicitly invoke another constructor
    at test.Student.<init>(TestPersonStudentDemo2.java:17)
    at test.TestPersonStudentDemo2.main(TestPersonStudentDemo2.java:25)
```

图 5-6 程序编译结果

由编译结果可以发现，系统提供的出错信息是因为无法找到 Person 类，所以造成了编译错误，这是为什么呢？在 Person 类中提供了一个有两个参数的构造方法，而并没有明确地写出无参构造方法，在前面本书已提到过，如果程序中指定了构造方法，则默认构造方法不会再生成，本例就是这个道理。由于实例化子类对象时找不到父类中无参构造方法，所以程序出现了错误，而只要在 Person 类中增加一个什么都不做的构造方法，这一问题就可以解决了。对范例 TestPersonStudentDemo2.java 做相应的修改就形成了范例 TestPersonStudentDemo3.java。

【例 5-5】 TestPersonStudentDemo3.java。

```
class Person
{
    String name;
    int age;
    Person(){}    //父类的构造方法
    public Person(String name,int age)
```

```
        {
            this.name = name;
            this.age = age;
        }
    }
    class Student extends Person
    {
        String school;                    //子类的构造方法
        public Student()
        {
        }
    }
    public class TestPersonStudentDemo3
    {
        public static void main(String[] args)
        {
            Student s = new Student();
        }
    }
```

读者可以发现，因为在程序中声明了一 Person 类的无参的且什么都不做的构造方法，所以程序在编译时就可以正常通过了。

5.2.3 Super 关键字

在上面的程序中曾经提到过 super 的使用，那 super 到底是什么呢？从 TestPersonStudentDemo1 中读者应该可以发现，super 关键字出现在子类中，而且是去调用了父类中的构造方法，所以可以得出结论：super 主要的功能是完成子类调用父类中的内容，也就是调用父类中的属性或方法。将程序 TestPersonStudentDemo3.java 做相应的修改就形成了范例 TestPersonStudentDemo4.java。

【例 5-6】 TestPersonStudentDemo4.java。

```
    class Person
    {
        String name;
        int age;                          //父类的构造方法
        public Person(String name,int age)
        {
            this.name = name;
            this.age = age;
```

```
        }
    }
    class Student extends Person
    {
        String school;                          //子类的构造方法
        public Student()
        {
            super("张三", 25);                  //在这里用 super 调用父类中的构造方法
        }
    }
    public class TestPersonStudentDemo4
    {
        public static void main(String[] args)
        {
            Student s = new Student();          //为 Student 类中的 school 赋值
            s.school = "北京";
            System.out.println("姓名: " + s.name + ", 年龄: " + s.age + ", 学校: " + s.school) ;
        }
    }
```

程序运行结果如图 5-7 所示。

```
Problems  @ Javadoc  Declaration  Console
<terminated> TestPersonStudentDemo4 [Java Application]
姓名：张三，年龄：25，学校：北京
```

图 5-7　程序运行结果

读者可以发现，本例与范例 TestPersonStudentDemo3.java 的程序基本上是一样的，唯一的不同是在子类的构造方法中明确地指明调用的是父类中有两个参数的构造方法，所以程序在编译时不再去找父类中无参的构造方法。

super 关键字不仅可以调用父类中的构造方法，也可以调用父类中的属性或方法，格式如下：

　　super.父类中的属性;
　　super.父类中的方法();

【例5-7】　TestPersonStudentDemo5.java。

```
    class Person
    {
        String name;
```

```java
    int age;
    public Person()                //父类的构造方法
    {
    }
    public String talk()
    {
        return "我是: " + this.name + ", 今年: " + this.age + "岁";
    }
}
class Student extends Person
{
    String school;
    public Student(String name, int age, String school)    //子类的构造方法
    {
        //在这里用 super 调用父类中的属性
        super.name = name;
        super.age = age;
        //调用父类中的 talk()方法
        System.out.print(super.talk());
        //调用本类中的 school 属性
        this.school = school;
    }
}
public class TestPersonStudentDemo5
{
    public static void main(String[] args)
    {
        Student s = new Student("张三", 25, "北京") ;
        System.out.println(", 学校: "+s.school) ;
    }
}
```

程序运行结果如图 5-8 所示。

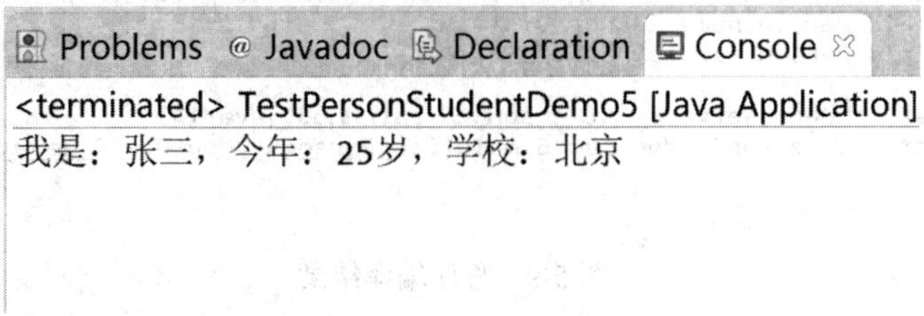

```
Problems  @ Javadoc  Declaration  Console
<terminated> TestPersonStudentDemo5 [Java Application]
我是：张三，今年：25岁，学校：北京
```

图 5-8　程序运行结果

从上面的程序中可以发现，子类 Student 可以通过 super 调用父类中的属性或方法。但是细心的读者在本例中还可以发现，如果程序换成 this 调用也是可以的，那为什么还要用 super 呢？读者看完下面的内容就可以清楚地知道什么时候该这样使用了。

有些时候，父类并不希望子类可以访问自己的类中的全部的属性或方法，所以需要将一些属性与方法隐藏起来，不让子类去使用，于是在声明属性或方法时往往加上"private"关键字，表示私有。

【例 5-8】 TestPersonStudentDemo6.java。

```
class Person
{
    //在这里将属性封装
    private String name;
    private int age;
}
class Student extends Person
{
    //在这里访问父类中被封装的属性
    public void setVar()
    {
        name = "张三";
        age = 25;
    }
}
class TestPersonStudentDemo6
{
    public static void main(String[] args)
    {
        new Student().setVar();
    }
}
```

程序编译结果如图 5-9 所示。

```
Problems @ Javadoc  Declaration  Console
<terminated> TestPersonStudentDemo6 [Java Application] C:\Program Files\Java\jre1.8.0_112\bin\javaw.exe
Exception in thread "main" java.lang.Error: Unresolved compilation problems:
    The field Person.name is not visible
    The field Person.age is not visible

    at test.Student.setVar(TestPersonStudentDemo6.java:13)
    at test.TestPersonStudentDemo6.main(TestPersonStudentDemo6.java:21)
```

图 5-9 程序编译结果

由编译器的错误提示可以发现，name 与 age 属性在子类中无法进行访问。上面所示范例，读者可能会有这样的印象：只要父类中的属性被"private"声明，那么子类就再也无法访问到它了。实际上并不是这样的，在父类中加入了 private 关键字修饰，其目的只是相当于对子类隐藏了此属性，子类无法去显式地调用这些属性，但是却可以隐式地去调用。请看下面的范例，修改自范例 TestPersonStudentDemo6.java。

【例 5-9】 TestPersonStudentDemo7.java。

```java
class Person
{
    //在这里将属性封装
    private String name;
    private int age;
    //添加了两个 setXxx()方法
    public void setName(String name){
        this.name = name;
    }
    public void setAge(int age)
    {
        this.age = age;
    }
    public String talk()
    {
        return "我是：" + this.name+", 今年: " + this.age + "岁!";
    }
}
class Student extends Person
{
    //在这里访问父类中被封装的属性
    public void setVar()
    {
        super.setName("张三");
        super.setAge(25);
    }
}
class TestPersonStudentDemo7
{
    public static void main(String[] args)
    {
        Student s = new Student();
        s.setVar();
        System.out.println(s.talk());
```

        }
    }
程序运行结果如图 5-10 所示。

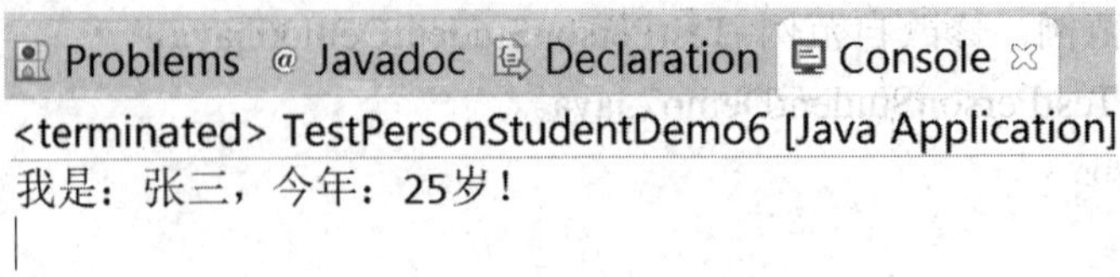

> Problems @ Javadoc   Declaration   Console ☒
> <terminated> TestPersonStudentDemo6 [Java Application]
> 我是：张三，今年：25岁！

图 5-10 程序运行结果

从上面的程序中可以发现，虽然在子类中并没有 name 与 age 两个属性，但是子类对象依然可以去调用父类中的这两个属性，并打印输出，所以可以得出结论——子类在继承父类时，会继承父类中全部的属性与方法。

5.3 抽象类和最终类

5.3.1 抽象类与抽象方法

类是对现实世界中实体的抽象，但我们不能以相同的方法为现实世界中所有的实体做模型，因为现实世界中大多数的类太抽象而不能独立存在。例如：我们不能给出一个通用的计算二维图形面积的方法。

定义抽象类的一般格式如下：

  [访问限定符] abstract class 类名
  {
   //属性说明
   …
   //抽象方法声明
   …
   //非抽象方法定义
   …
  }

类中允许定义抽象方法。所谓抽象方法，是指在类中仅仅声明了类的行为，并没有真正实现行为的代码，即只有方法头、没有方法体的方法。声明抽象方法的一般格式如下：

  [访问限定符] abstract 数据类型 方法名([参数列表]);

例如：

  abstract void draw();   //声明类中的 draw()方法为抽象方法

有关抽象类和抽象方法的说明如下：

(1) 抽象类只能被继承而不能创建具体对象，即不能被实例化。

(2) 抽象方法仅仅是为所有的派生子类定义一个统一的接口，方法具体实现的程序代码由各个派生子类来完成，不同的子类可以根据自身的情况以不同的程序代码实现。

(3) 抽象方法只能存在于抽象类中，一个类中只要有一个方法是抽象的，则这个类就是抽象的。

(4) 构造方法、静态(static)方法、最终(final)方法和私有(private)方法都不能被声明为抽象方法。

【例 5-10】 设计椭圆类 Ellipse 和矩形类 Rectangle，要求这两个类都包含一个画图的方法 draw()。

分析：椭圆类和矩形类有许多相同的成员变量和方法，因此，可以先设计一个它们共同的父类 Shape，并把画图方法 draw()定义在父类中。但是，由于父类 Shape 只是抽象的形状，画图方法 draw()无法实现，所以，父类中的画图方法 draw()只能定义为抽象方法，而包含抽象方法的 Shape 类也只能定义为抽象类。

```java
package test;
abstract class Shape                    //定义抽象类 Shape
{
    public abstract void draw();        //定义抽象方法
}
class Ellipse extends Shape             //定义子类 Ellipse
{
    public void draw( )                 //实现 draw()方法
    {
        System.out.println("draw a Ellipse");
    }
}
class Rectangle extends Shape           //定义子类 Rectangle
{
    public void draw()                  //实现 draw()方法
    {
        System.out.println("draw a Rectangle");
    }
}
public class ChouxiangTest              //定义类 ChouxiangTest
{
    public static void main(String[] args)
    {
        Ellipse ellipse = new Ellipse();            //创建子类 Ellipse 的对象
        Rectangle  rectangle = new Rectangle();     //创建子类 rectangle 对象
        ellipse.draw() ;                            //访问子类 ellipse 的方法
        rectangle.draw();                           //访问子类 rectangle 的方法
```

```
        }
    }
```

程序运行结果如图 5-11 所示。

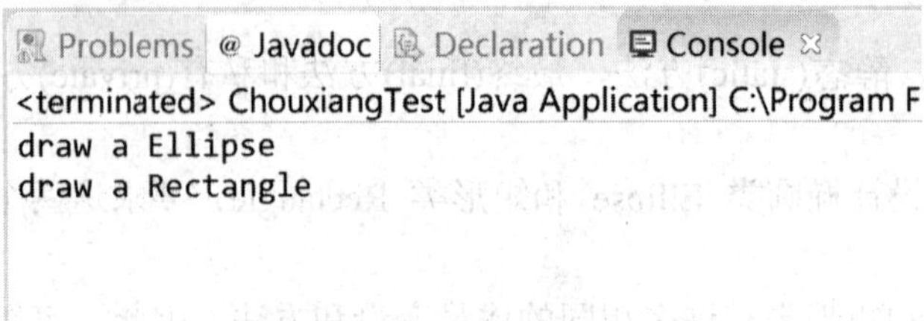
Problems @ Javadoc Declaration Console
<terminated> ChouxiangTest [Java Application] C:\Program F
draw a Ellipse
draw a Rectangle

图 5-11 程序运行结果

5.3.2 最终类

最终类是指不能被继承的类，即最终类没有子类。在 Java 语言中，如果不希望某个类被继承，可以声明这个类为最终类，最终类用关键字 final 来说明。例如：public final class C 就定义类 C 为最终类。

如果没有必要创建最终类，而又想保护类中的一些方法不被覆盖，可以用关键字 final 来指明那些不能被子类覆盖的方法，这些方法称为最终方法。例如：

```
public class A
{
    Public final void f()
}
```

上例在类 A 中定义了一个最终方法 f()，任何类 A 的子类都不能覆盖方法 f()。

5.4 多　　态

多态是面向对象的重要特性，简单点说是“一个接口，多种实现”，就是指同一种事物表现出多种形态。编程其实就是一个将具体事物进行抽象化的过程，多态就是抽象化的一种体现，把一系列具体事物的共同点抽象出来，再通过这个抽象的事物，与不同的具体事物进行对话。

多态是指一个方法只能有一个名称，但可以有许多形态，也就是程序中可以定义多个同名的方法。多态提供了“接口与实现的分离”，将“是什么”与“怎么做”分离出来。多态主要分为方法的覆盖和方法的重载。

5.4.1 方法的覆盖

覆盖是发生在子类继承父类过程中，对原有变量或方法进行的覆盖操作，是 Java 多态特性的一个重要体现，表现在不用类之间子类对父类方法的覆盖，改变父类方法原有的行为和意义。方法覆盖又叫方法重写。

方法覆盖：如果在子类中定义一个方法，其名称、返回类型及参数签名正好与父类中某个方法的名称、返回类型及参数签名相匹配，那么可以说，子类的方法覆盖了父类的方法。方法覆盖不能发生在同类中，只能发生在子类中。

【例 5-11】 方法的覆盖。

```
class People {
    public String getName() {
        return "people";
    }
}
class Student extends People {
    public String getName() {
        return "student";
    }
}
public class Test{
    public static void main(String[] args) {
        People p=new People();
        System.out.println(p.getName());
        Student s=new Student();
        System.out.println(s.getName());
    }
}
```

程序运行结果如图 5-12 所示。

```
Problems  @ Javadoc  Declaration  Console
<terminated> Test [Java Application] C:\Program Files\Java
people
student
```

图 5-12 程序运行结果

例 5-11 中，Student 类覆盖了 People 类中的 getName()方法，实现了不同的输出结果。

5.4.2 方法的重载

在 Java 中，同一个类中的两个或两个以上的方法可以有同一个名字，只要它们的参数声明不同即可。在这种情况下，该方法被称为重载(Overloaded)，这个过程被称为方法重载(Method Overloaded)。方法重载是 Java 实现多态的一种方式。

当一个重载方法被调用时，Java 用参数的类型和数量来表明实际调用的重载方法的版本。因此，每个重载方法的参数的类型和数量必须是不同的。虽然每个重载方法可以有不

111

同的返回类型，但返回类型并不足以区分所使用的是哪个方法。当 Java 调用一个重载方法时，参数与调用参数匹配的方法被执行。

方法的重载与覆盖的区别如表 5-1 所示。

表 5-1 成员方法的重载与方法覆盖的区别

项 目	方 法 重 载	方法覆盖(重写)
类的层次	针对同一个类中的同名方法	针对父类与子类中的同名方法
方法名称	各重载方法的名称必须完全相同	被继承与继承的方法名称必须完全相同
返回值类型	各重载方法的返回值的类型必须完全相同	被继承与继承的方法的返回值的类型必须完全相同
参数类型	各重载方法的参数类型可以不同	被继承与继承方法的参数类型必须完全相同
参数数目	各重载方法的参数数目可以不同	被继承与继承方法的参数数目必须完全相同

【例 5-12】 方法的重载。

```
class OverloadBox{
    double length;
    double width;
    double height;
    OverloadBox(double l, double w, double h){
        length = l;
        width = w;
        height = h;
    }
    OverloadBox(double x){
        length = x;
        width = x;
        height = x;
    }
    double getVol(){
        return length * width * height;
    }
}
public class OverloadConstructor{
    public static void main(String args[]){
        OverloadBox myBox1 = new OverloadBox(30, 20, 10);
        OverloadBox myBox2 = new OverloadBox(10);
        double vol;
        vol = myBox1.getVol();
```

```
            System.out.println("第 1 个立方体的体积是   " + vol);
            vol = myBox2.getVol();
            System.out.println("第 2 个立方体的体积是   " + vol);
        }
    }
```

运行 Java 应用程序，输出结果如图 5-13 所示。

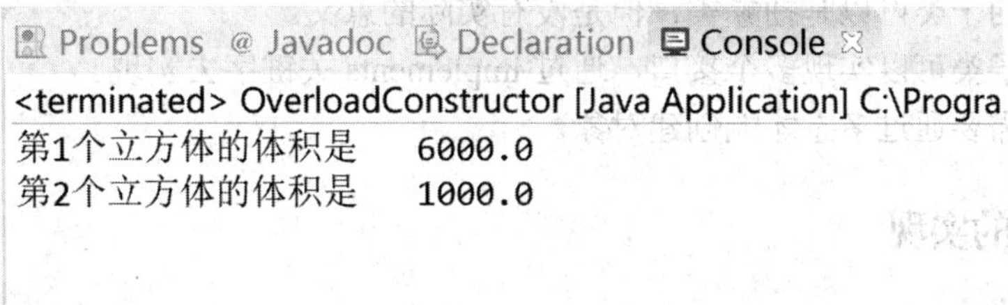

```
 Problems   @ Javadoc   Declaration   Console
<terminated> OverloadConstructor [Java Application] C:\Progra
第1个立方体的体积是     6000.0
第2个立方体的体积是     1000.0
```

图 5-13　程序运行结果

5.5　接　　口

5.5.1　接口的概念

在 Java 中接口是一个全部由抽象方法组成的集合，接口需要用 interface 定义，里面只能有抽象的方法和常量。接口体现的是事物扩展的功能，在 Java 中，类定义了一个实体，包括实体的属性和实体的行为。而接口定义了一个实体可能发生的动作，只有一个声明，没有具体的行为。

当一个方法在很多类中有不同的体现时，就可以将这个方法抽象出来做成一个接口。接口里面只能有不可修改的全局常量和抽象的方法，接口没有构造方法。

5.5.2　接口的定义

接口的定义格式如下：

```
[public] interface  接口名[extends  父接口列表]    //接口声明
    {  //接口体开始
        //常量数据成员的声明及定义
        数据类型      常量名=常数值；
        …
        //声明抽象方法
        返回值类型    方法名([参数列表])[throw  异常列表]；
        …
    }  //接口体结束
```

说明如下：

(1) 定义接口时使用 interface，区别于抽象类，不需要加 class。
(2) 接口不能被实例化，不能直接创建对象，因为接口里面只有抽象的方法，没有具体的功能。
(3) 接口可以继承接口，接口要实现具体的功能必须有实现它的子类，实现接口的子类中必须重写接口全部的抽象方法。
(4) 接口和接口之间可以多继承。
(5) 接口的子类可以是抽象类，但是没有实际的意义。
(6) 一个子类可以实现多个接口，通过 implements 关键字去实现。
(7) 接口需要通过多态才能创建对象。

5.5.3 接口的实现

接口的实现，即在实现接口的类中重写接口中给出的所有方法，书写方法体代码，完成方法所规定的功能。实现接口类的一般格式如下：

```
[访问限定符][修饰符]class 类名[extends 父类名]implements 接口名列表
{                                //类体开始标志
  [类的成员变量说明]              //属性说明
  [类的构造方法定义]
  [类的成员方法定义]
  /*重写接口方法*/
  接口方法定义//实现接口方法
}
```

下面举例说明接口的实现。

【例 5-13】 定义一个梯形类来实现 Shape1 接口，并对 Shape1 接口做一个测试。计算上底为 0.4、下底为 1.2、高为 4 的梯形的面积。

```
interface  Shape1  {
    double   PI=3.141596;
    double   getArea();
    double   getGirth();
}
class Trapezium   implements   Shape1{
    public double upSide;
    public double downSide;
    public double height;
    public Trapezium() {
        upSide = 1.0;
        downSide = 1.0;
        height=1.0;
    }
```

```java
    public Trapezium(double upside, double downside, double height){
        this.upSide = upSide;
        this.downSide = downSide;
        this.height = height;
    }
    public double    getArea()            //接口方法的实现
    {   return 0.5*(upSide+downSide)*height;    }
    public double    getGirth()           //接口方法的实现
    { return 0.0;}                         //尽管不需要计算梯形的周长，但也必须实现该方法
}
public class TestInterface{
    public static void main(String[] args){
        Trapezium t1 = new Trapezium(0.4, 1.2, 4.0);
        System.out.println("上底为 0.4, 下底为 1.2, 高为 4 的梯形的面积 = " + t1.getArea());
    }
}
```

运行 Java 应用程序，输出结果如图 5-14 所示。

```
Problems  @ Javadoc  Declaration  Console
<terminated> TestInterface [Java Application] C:\Program Files\Ja
上底为0.4,下底为1.2,高为4的梯形的面积=3.2
```

图 5-14　程序运行结果

5.6　package 关键字和包

5.6.1　包的概念

Java 中的包 package 就是电脑中的文件夹。在平时的工作中，当电脑中的文件太多时，我们就会新建文件夹进行分类管理。Java 中的包也是类似的道理，当类太多时，也需要进行分类管理，这时我们就会把类文件放到包中，也就是把.class 文件放到了一个文件夹中，这样也能有效地避免命名冲突。

5.6.2　包的创建

通过关键字 package 来声明包。格式如下：
```
package packageName;
```

其中，packageName 是声明的包名。Package 语句作为 Java 源文件的第 1 条非空格、非注释语句，指明该源文件定义的类所在的包。如果在源文件中省略了 Package 语句，则源文件中用户定义命名的类被隐含地认为是无名包的一部分，即源文件中用户定义命名的类在同一个包中，但该包没有名字。

5.6.3 包的引用

创建一个包之后，就要对它进行引用。一般来说，可以使用 import 语句导入包中的类。其一般格式如下：

  import 包名.*; //可以使用包中所有的类

或

  import 包名.类名； //只导入包中类名指定的类

在程序中，import 语句应放在 package 语句之后，如果没有 package 语句，则 import 语句应放在程序开始。一个程序中可以含有多个 import 语句，即在一个类中，可以根据需要引用多个包中的类。

【例 5-14】 定义 a.pack.stu.Student 类。

```
package   a.pack.stu;
public class   Student{
    private String name;                // name 属性
    private int age;                    // age 属性
    public Student(){                   //无参构造方法
    }
    public Student(String name, int age){ //有参构造方法，初始化 name 和 age 属性
        setName(name);
        setAge(age);
    }
    public void setName(String name){   //设置 name 属性
        this.name = name;
    }
    public void setAge(int age){        //设置 age 属性
        this.age = age;
    }
    public String getName(){            //获得 name 属性
        return name;
    }
    public int getAge(){                //获得 age 属性
        return age;
    }
    public void show(){                 //定义 show()方法，打印 name 和 age 属性
```

```
            System.out.println("我的名字叫" + getName() + ", 今年" + getAge());
        }
    }
```

【例 5-15】 定义一个类以引用 a.pack.stu.Student 类。

```
    package   a.pack.pack;
    import   a.pack.stu.Student;
    public class PackageDemo {
        public static void main(String[] args) {
            Student   stu = new   Student("小强", 21);      //实例化 Student
            stu.show();
        }
    }
```

实 训 5

Java 面向对象的特征

实现功能：

编写一个 Java 程序，在程序中定义一个接口 Achievement，定义一个父类 Person，定义一个子类 Student 继承 Achievement 接口，在子类 Student 中实现接口中的抽象方法并调用父类的方法。

(1) 根据要求定义接口 Achievement，包含一个抽象方法 average()。

(2) 定义父类 Person，定义其成员变量、构造方法和成员方法。

(3) 定义子类 Student，继承父类 Person，并实现接口 Achievement 中的抽象方法 average()。

(4) 定义测试类，完成子类对象调用父类的方法。

运行结果：

程序运行结果如图 5-15 所示。

```
 Problems  @ Javadoc  Declaration  Console ☆
<terminated> JieKou [Java Application] C:\Program Files\Java\jre1.8.0_1
你好，我是张三，今年16岁
平均分:83.0
```

图 5-15 程序运行结果

参考代码：

```
    interface Achievement {
        abstract float average();
```

```
}
class Person {
    String name;
    int age;
    public Person(String newName, int newAge)
    { name=newName;  age=newAge;         }
    public void introduce()
    { System.out.println("你好, 我是"+name+", 今年"+age+"岁"); }
}
class Student extends Person implements Achievement {
    int Chinese, Math, English;
    public Student(String newName, int newAge)
    { super(newName, newAge);         }
    public void setScore(int c, int m, int e)
    { Chinese = c;       Math = m;       English = e;     }
    public float average()
    { return (Chinese+Math+English)/3;  }
}
public  class   Jiekou {
    public static void main (String[] args)     {
        Student s1=new Student("张三", 16);
        s1.introduce();
        s1.setScore(80, 90, 80);
        System.out.println("平均分:" + s1.average());
    }
}
```

习 题 5

一、选择题

1. 下列不属于面向对象编程的3个特征的是(   )。

　　A．封装　　　B．指针操作　　　C．多态　　　　D．继承

2. 下列关于继承性的描述中, 错误的是(   )。

　　A．一个类可以同时生成多个子类

　　B．子类继承父类除了private 修饰之外的所有成员

　　C．Java 语言支持单重继承和多重继承

　　D．Java 语言通过接口实现多重继承

3．下列对于多态的描述中，错误的是(　　)。
   A．Java 语言允许运算符重载
   B．Java 语言允许方法符重载
   C．Java 语言允许成员变量覆盖
   D．多态性提高了程序的抽象性和简洁性
4．关键字 super 的作用是(　　)。
   A．用来访问父类被隐藏的成员变量
   B．用来调用父类中被重载的方法
   C．用来调用父类的构造方法
   D．以上都是
5．下列程序定义了一个类，关于该类，说法正确的是(　　)。
   abstract class Aa{
       …
   }
   A．该类能调用 Aa()构造方法实例化一个对象
   B．该类不能被继承
   C．该类的方法都不能被重载
   D．以上说法都不对
6．下列关于接口的描述中，错误的是(　　)。
   A．接口实际上是由常量和抽象方法构成的特殊类
   B．一个类只允许继承一个接口
   C．定义接口使用的关键字是 interface
   D．在继承接口的类中通常要给出接口中定义的抽象方法的具体实现
7．下面关于包的描述中，错误的是(　　)。
   A．包是若干对象的集合   B．使用 package 语句创建包
   C．使用 import 语句引入包   D．包分为有名包和无名包两种
8．如果 java.abc.def 中包含 xyz 类，则该类可记作(　　)。
   A．java.xyz   B．java.abc.xyz
   C．java.abc.def.xyz   D．java.xyz.abc
9．下列方法中，与方法 public void add(int a){}不能构成重载方法的是(　　)。
   A．public void add(char a)   B．public int add(int a)
   C．public void add(int a，int b)   D．public void add(float a)
10．设有如下类的定义：
    public class parent{
        int change() {}
    }
    Class Child extends Parent { }
则下面的方法可以加入 Child 类中的是(　　)。
    A．public int change(){}   B．final int change(int i){}

C．private int change(){ }　　　　　　D．abstract int change(){ }

二、填空题

1．在 Java 程序中，把关键字(　　)加到方法名称的前面，可实现子类调用父类的方法。
2．接口是一种只含有抽象方法或(　　)的特殊抽象类。
3．Java 使用固定于首行的(　　)语句来创建包。
4．Java 的多态性主要表现在(　　)、(　　)、(　　)三个方面。
5．没有子类的类称为(　　)，不能被子类重载的方法称为(　　)，不能改变值的量称为(　　)。

三、编程题

1．建立一个汽车 Auto 类，包括轮胎个数、汽车颜色、车身重量、速度等成员变量，并通过不同的构造方法创建实例。至少要求：汽车能够加速、减速、停车。再定义一个小汽车类 Car，继承 Auto，并添加空调、CD 等成员变量，覆盖加速、减速的方法。

2．已知一个抽象类 AbstractShape 如下所示：

```
abstract class AbstractShape
{
    final double PI=3.14;
    public abstract double getArea();
    public abstract double getGirth();
}
```

编写 AbstractShape 类的一个子类，使该子类实现计算圆面积的方法 getArea()和计算周长的方法 getGirth()。

第 6 章 Java 中的异常处理

教学目标

(1) 掌握异常的概念，异常类的组织结构；
(2) 熟练掌握 try-catch-finally 语句的使用方法；
(3) 了解异常的使用原则。

6.1 异常处理机制

6.1.1 异常的概念

异常也称为例外，是在程序运行过程中发生的、会打断程序正常执行的事件，下面是几种常见的异常。

(1) 算术异常(ArithmeticException)。
(2) 空指针异常(NullPointerException)。
(3) 找不到文件异常(FileNotFoundException)。

在程序设计时，必须考虑到可能发生的异常事件，并作出相应的处理。这样才能保证程序可以正常运行。Java 的异常处理机制也秉承着面向对象的基本思想。在 Java 中，所有的异常都是以类的类型存在，除了内置的异常类之外，Java 也可以自定义的异常类。此外，Java 的异常处理机制也允许自定义抛出异常。关于这些概念，将在后面介绍。

在没有异常处理的语言中，必须使用 if 或 switch 等语句，配合所想得到的错误状况来捕捉程序里所有可能发生的错误。按这种方式编写出来的程序代码经常有很多的 if 语句，尽管如此，也未必能捕捉到所有的错误，反而导致程序运行效率的降低。Java 的异常处理机制恰好改进了这一点。它具有易于使用、可自行定义异常类，处理抛出异常的同时又不会降低程序运行的速度等优点。因而在 Java 程序设计时，应充分地利用 Java 的异常处理机制，以增进程序的稳定性及效率。

Java 本身已有相当好的机制来处理异常的发生。本节先来看看 Java 是如何处理异常的。TestException 是一个错误的程序，它在访问数组时，下标值已超过了数组下标所容许的最大值，因此会有异常发生。

【例 6-1】 TestException.java。

```
public class TestException
{
    public static void main(String args[])
    {
        int arr[] = new int[5];              //容许 5 个元素
        arr[10] = 7;                         //下标值超出所容许的范围
        System.out.println("end of main() method !!");
    }
}
```

在编译的时候程序不会发生任何错误,但是在执行过程中,会产生如图 6-1 所示的错误信息。

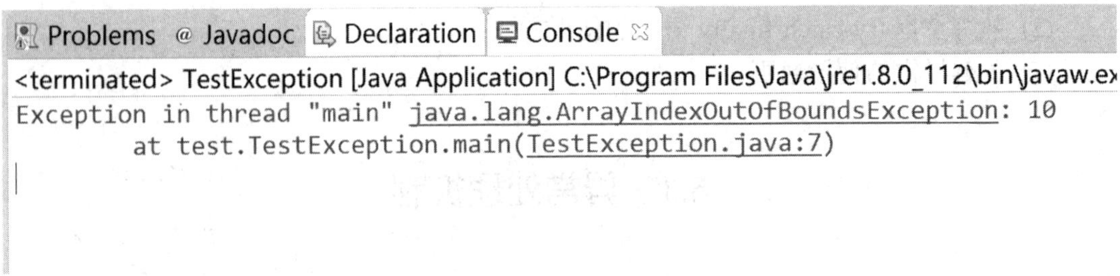

```
Problems  @ Javadoc  Declaration  Console
<terminated> TestException [Java Application] C:\Program Files\Java\jre1.8.0_112\bin\javaw.ex
Exception in thread "main" java.lang.ArrayIndexOutOfBoundsException: 10
        at test.TestException.main(TestException.java:7)
```

图 6-1 程序执行过程

错误的原因在于数组的下标值超出了最大允许的范围。Java 发现这个错误之后,便由系统抛出"ArrayIndexOutOfBoundsException"这个种类的异常,用来表示错误的原因,并停止运行程序。如果没有编写相应的处理异常的程序代码,则 Java 的默认异常处理机制会先抛出异常,然后停止程序运行。

6.1.2 异常的捕获

TestException 的异常发生后,Java 便把这个异常抛了出来,可是抛出来之后没有程序代码去捕捉它,所以程序到第 6 行便结束,根本不会执行到第 7 行。如果加上捕捉异常的程序代码,则可针对不同的异常做妥善的处理。这种处理的方式称为异常处理。异常处理是由 try、catch 与 finally 三个关键字所组成的程序块,其语法如下:

```
try
{
    //尝试运行的程序代码
}
catch(异常类型  异常的变量名)
{
    //异常处理代码
}
finally
```

{
　　　//方法返回之前,总是要执行的代码
}

上述语句块依据下列的顺序来处理异常:

(1) try 程序块若是有异常发生时,程序的运行便中断,并抛出"异常类所产生的对象"。

(2) 抛出的对象如果属于 catch()括号内欲捕获的异常类,则 catch 会捕捉此异常,然后进到 catch 的块里继续运行。

(3) 无论 try 程序块是否有捕捉到异常,或者捕捉到的异常是否与 catch()括号里的异常相同,最后一定会运行 finally 块里的程序代码。finally 的程序代码块运行结束后,程序再回到 try-catch-finally 块之后继续执行。

由上述的过程可知,异常捕捉的过程中做了两个判断:第一个是 try 程序块是否有异常产生,第二个是产生的异常是否和 catch()括号内欲捕捉的异常相同。值得一提的是,finally 块是可以省略的。如果省略了 finally 块不写,则在 catch()块运行结束后,程序跳到 try-cath 块之后继续执行。根据这些基本概念与运行的步骤,可以绘制出如图 6-2 所示的流程图。

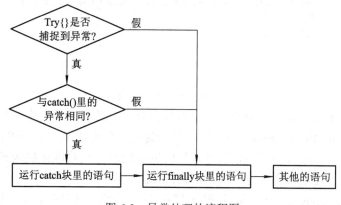

图 6-2　异常处理的流程图

在例 6-1 中,"异常类"指的是由程序抛出的对象所属的类,例如 TestException 中出现的"ArrayIndexOutOfBoundsException"就是属于异常类的一种。至于有哪些异常类以及它们之间的继承关系,稍后本书将会作更进一步的探讨。下面的程序代码加入了 try 与 catch,使得程序本身具有捕捉异常与处理异常的能力。

【例 6-2】 TestException2.java。

```
public class TestException2
{
    public static void main(String args[])
    {
        try            //检查这个程序块的代码
        {
            int arr[] = new int[5];
```

```
            arr[10] = 7;                    //在这里会出现异常
        }
        catch(ArrayIndexOutOfBoundsException e)
        {
            System.out.println("数组超出绑定范围! ");
        }
        finally                              //这个块的程序代码一定会执行
        {
            System.out.println("这里一定会被执行! ");
        }
        System.out.println("main()方法结束! ");
    }
}
```

程序运行结果如图 6-3 所示。

```
数组超出绑定范围!
这里一定会被执行!
main()方法结束!
```

图 6-3　程序运行结果

上面程序的 try 块是用来检查是否会有异常发生。若有异常发生，且抛出的异常是属于 ArrayIndexOutOfBoundsException 类，则会输出"数组超出绑定范围！"字符串。由本例可看出，通过异常的机制，即使程序运行时发生问题，只要能捕捉到异常，程序便能顺利地运行到最后，且还能适时地加入对错误信息的提示。

程序 TestException2 里，如果程序捕捉到了异常，则在 catch 括号内的异常类 ArrayIndexOutOfBoundsException 之后生成一个对象 e，利用此对象可以得到异常的相关信息，下例说明了类对象 e 的应用。

【例 6-3】 TestException3.java。

```
public class TestException3
{
    public static void main(String args[])
    {
        try
        {
            int arr[] = new int[5];
            arr[10]=7;
        }
        catch(ArrayIndexOutOfBoundsException e){
```

```
        System.out.println("数组超出绑定范围! ");
        System.out.println("异常: "+e);          //显示异常对象 e 的内容
    }
    System.out.println("main()方法结束! ");
  }
}
```

程序运行结果如图 6-4 所示。

```
🐞 Problems   @ Javadoc   🖹 Declaration   🖳 Console  ⊠
<terminated> TestException3 [Java Application] C:\Program Files\
数组超出绑定范围!
异常: java.lang.ArrayIndexOutOfBoundsException: 10
main()方法结束!
```

图 6-4 程序运行结果

例 6-3 TestException3 省略了 finally 块, 但程序依然可以运行。把 catch()括号内的内容想象成是方法的参数, 而 e 就是 ArrayIndexOutOfBoundsException 类的对象。对象 e 接收到由异常类所产生的对象之后, 输出"数组超出绑定范围!"这一字符串, 而输出异常所属的种类, 也就是 java.lang.ArrayIndexOutOfBoundsException。而 java.lang 正是 ArrayIndexOutOfBoundsException 类所属的包。

当异常发生时, 通常可以用两种方法来处理, 一种是交由 Java 默认的异常处理机制做处理。但这种处理方式, Java 通常只能输出异常信息, 接着便终止程序的运行。如 TestException 的异常发生后, Java 默认的异常处理机制会显示出: Exception in thread "main" java.lang.ArrayIndexOutOfBoundsException: 10 at TestException.main (TestExceptio.java:6), 接着结束 TestException 的运行。

另一种处理方式是用自行编写的 try-catch-finally 块来捕捉异常, 如 TestException2 与 TestException3。自行编写程序代码来捕捉异常最大的好处是: 可以灵活操控程序的流程, 且可作出最适当的处理。图 6-5 绘出了异常处理机制的选择流程。

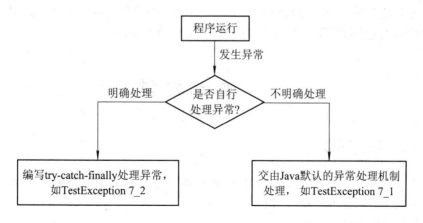

图 6-5 异常处理的方法

6.1.3 异常类的继承架构

异常可分为两大类：java.lang.Exception 类与 java.lang.Error 类。这两个类均继承自 java.lang.Throwable 类。图 6-6 为 Throwable 类的继承关系图。

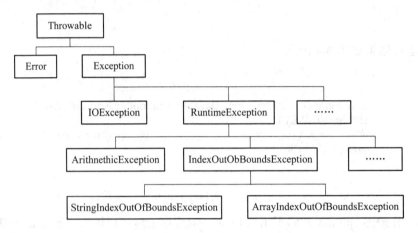

图 6-6　Throwable 类的继承关系图

习惯上将 Error 与 Exception 类统称为异常类，但这两者本质上还是有不同的。Error 类专门用来处理严重影响程序运行的错误，可是通常程序设计者不会设计程序代码去捕捉这种错误，其原因在于即使捕捉到它，也无法给予适当的处理，如 Java 虚拟机出错就属于一种 Error。不同于 Error 类，Exception 类包含了一般性的异常，这些异常通常在捕捉到之后便可做妥善的处理，以确保程序继续运行，如 TestException2 里所捕捉到的 ArrayIndexOutOfBoundsException 就是属于这种异常。

从异常类的继承架构图中可以看出：Exception 类扩展出数个子类，其中 IOException、RunntimeException 是较常用的两种。RunntimeException 即使不编写异常处理的程序代码，依然可以编译成功，而这种异常必须是在程序运行时才有可能发生，例如数组的索引值超出了范围。与 RuntimeException 不同的是，IOException 一定要编写异常处理的程序代码才行，它通常用来处理与输入/输出相关的操作，如文件的访问、网络的连接等。当异常发生时，发生异常的语句代码会抛出一个异常类的实例化对象，之后此对象与 catch 语句中的类的类型进行匹配，然后在相应的 catch 中进行处理。

6.2　抛出异常

6.2.1　throw 抛出异常

前两小节介绍了 try-catch-finally 程序块的编写方法，本节将介绍如何抛出(throw)异常，以及如何由 try-catch 来接收所抛出的异常。

抛出异常有下列两种方式：

(1) 程序中抛出异常;
(2) 指定方法抛出异常。

以下两小节将介绍如何在程序中抛出异常以及如何指定方法抛出异常。在程序中抛出异常时,一定要用到 throw 这个关键字,其语法如下:

  throw 异常类实例对象;

可以发现在 throw 后面抛出的是一个异常类的实例对象,下面来看一个实例。

【例 6-4】 TestException4.java。

```
public class TestException4
{
    public static void main(String args[])
    {
        int a = 4, b = 0;
        try
        {
            if(b == 0)
                throw new ArithmeticException("一个算术异常");   //抛出异常
            else
                System.out.println(a + "/" + b + "=" + a/b);           //若抛出异常,则执行此行
        }
        catch(ArithmeticException e)
        {
            System.out.println("抛出异常为: "+e);
        }
    }
}
```

程序运行结果如图 6-7 所示。

```
Problems  @ Javadoc  Declaration  Console
<terminated> TestException4 [Java Application] C:\Program Files\Java\
抛出异常为: java.lang.ArithmeticException: 一个算术异常
```

图 6-7　程序运行结果

6.2.2　throw 声明异常

如果方法内没有使用任何的代码块来捕捉异常,则必须在声明方法时一并指明所有可能发生的异常,以便让调用此方法的程序得以做好准备来捕捉异常。也就是说,如果方法会抛出异常,则可将处理此异常的 try-catch-finally 块写在调用此方法的程序代码内。如果要由方法抛出异常,则方法必须以下面的语法来声明:

  方法名称(参数…) throws 异常类 1, 异常类 2, …

例 6-5 TestException5 是指定由方法来抛出异常的,注意此处把 main()方法与 add()方法编写在同一个类内,如下所示。

【例 6-5】 TestException5.java。

```
class Test{
    // throws 在指定方法中不处理异常,在调用此方法的地方处理
    void add(int a, int b) throws Exception
    {
        int c;
        c = a/b;
        System.out.println(a + "/" + b + "=" + c);
    }
}
public class TestException5
{
    public static void main(String args[])
    {
        Test t = new Test() ;
        t.add(4,0);
    }
}
```

程序运行结果如图 6-8 所示。

```
Problems  @ Javadoc  Declaration  Console
<terminated> TestException5 [Java Application] C:\Program Files\Java\jre1.8.0_112\bin\javaw.ex
Exception in thread "main" java.lang.Error: Unresolved compilation problem:
    Unhandled exception type Exception

    at test.TestException5.main(TestException5.java:16)
```

图 6-8　程序运行结果

在 TestExeption5 程序之中,如果在 main()方法后再用 throws Exception 声明的话,那么程序也是依然可以编译通过的。也就是说在调用用 throws 抛出异常的方法时,可以将此异常在方法中再向上传递,而 main()方法是整个程序的起点,所以如果在 main()方法后再用 throws 抛出异常,则此异常就将交由 JVM 进行处理了。

6.3　编写自己的异常类

Java 可通过继承的方式编写自己的异常类。因为所有可处理的异常类均继承自 Exception 类,所以自定义异常类也必须继承这个类。自己编写异常类的语法如下:

```
class 异常名称 extends Exception
{
    ...
}
```

可以在自定义异常类里编写方法来处理相关的事件，甚至可以不编写任何语句也可正常地工作，这是因为父类 Exception 已提供相当丰富的方法，通过继承，子类均可使用它们。接下来以一个范例来说明如何定义自己的异常类以及如何使用它们。

【例 6-6】 TestException6.java。

```java
class DefaultException extends Exception
{
    public DefaultException(String msg)
    {
        // 调用 Exception 类的构造方法，存入异常信息
        super(msg);
    }
}
public class TestException6
{
    public static void main(String[] args)
    {
        try
        {
            // 在这里用 throw 直接抛出一个 DefaultException 类的实例对象
            throw new DefaultException("自定义异常！");
        }
        catch(Exception e)
        {
            System.out.println(e);
        }
    }
}
```

程序运行结果如图 6-9 所示。

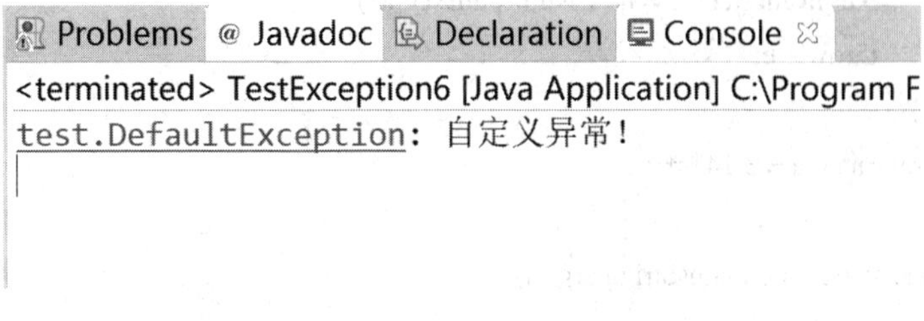

```
Problems  @ Javadoc  Declaration  Console
<terminated> TestException6 [Java Application] C:\Program F
test.DefaultException: 自定义异常！
```

图 6-9　程序运行结果

在 JDK 中提供的大量 API 方法之中含有大量的异常类，但这些类在实际开发中往往并不能完全地满足设计者对程序异常处理的需要，在这个时候就需要用户自己去定义所需的异常类了，用一个类清楚地写出所需要处理的异常。

实 训 6

异 常 处 理

实现功能：

定义一个 Circle 类，其中有求面积的方法，当圆的半径小于 0 时，抛出一个自定义的异常。

(1) 定义 Circle 类，定义 operator 方法，实现圆面积的计算，同时抛出自定义异常 NumRanExcep。

(2) 在 main 方法中，通过 try-catch 捕获异常。

(3) 自定义 NumRanExcep 类，处理异常。

运行结果：

程序运行结果如图 6-10 所示。

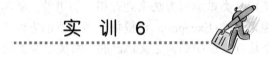

图 6-10　程序运行结果

参考代码：

```
public class Circle {
    static double opeator(double r) throws    NumRanExcep{
        double area = 0;
        if(r < 0)
        {
            NumRanExcep e = new NumRanExcep(r);
            throw    e;
        }
        return area = 3.14*r*r;
    }
    public static void main(String args[]){
        try{
```

```
                double a = opeator(-1);
                System.out.println("圆的面积为: " + a + "\n");
                double b = opeator(1);
                System.out.println("圆的面积为: " + b + "\n");
            }
            catch(NumRanExcep e){
                System.out.println("捕获异常: "+e.toString());
            }
        }
    }
    class   NumRanExcep extends Exception{
        private double i1;
        NumRanExcep(double n1)
        { i1 = n1;
        }
        public String toString(){
            return "NumRanExcep:"+i1;
        }
    }
```

习 题 6

一、选择题

1. Java 中用来抛出异常的关键字是(　　)。
   A．try　　　　　　B．catch　　　　　C．throw　　　　　D．finally
2. (　　)类是所有异常类的父类。
   A．Throwable　　　B．Error　　　　　C．Exception　　　D．AWTError
3. 在 Java 语言中，异常处理的出口是(　　)。
   A．try{…}子句　　　　　　　　　　　B．catch{…}子句
   C．finally{…}子句　　　　　　　　　D．以上说法都不对
4. 当方法遇到异常又不知如何处理时，下列说法正确的是(　　)。
   A．捕获异常　　　B．声明异常　　　C．抛出异常　　　D．嵌套异常
5. 自定义异常类时，可以继承的类是(　　)。
   A．Error　　　　　　　　　　　　　　B．Applet
   C．Exception 及其子类　　　　　　　D．AssertionError
6. 在异常处理中，将可能抛出异常的方法放在(　　)语句块中。
   A．throws　　　　　B．catch　　　　　C．try　　　　　　D．finally

7. 对于 try{……}catch 子句的排列方式，下列正确的一项是(　　)。
　　A．子类异常在前，父类异常在后　　B．父类异常在前，子类异常在后
　　C．只能有子类异常　　　　　　　　D．父类异常与子类异常不能同时出现
8. 下面程序段的执行结果是(　　)。
```
    public class Foo{
        public static voidmain(String[] args){
            try{
                return; }
            finally{System.out.println("Finally");
            }
        }
    }
```
　　A．编译能通过，但运行时会出现一个例外
　　B．程序正常运行，并输出 "Finally"
　　C．程序正常运行，但不输出任何结果
　　D．因为没有 catch 语句块，所以不能通过编译

二、填空题

1．捕获异常要求在程序的方法中预先声明，在调用方法时用 try-catch-(　　)语句捕获并处理。

2．Throwable 类有两个子类：(　　)类和 Exception 类。

3．Java 虚拟机能自动处理(　　)异常。

4．抛出异常，生成异常对象都可以通过(　　)语句实现。

三、编程题

编写一个程序，从键盘读入 5 个整数存储在数组中，要求在程序中处理数组越界的异常。

第 7 章 图形用户界面开发与事件处理

教学目标

(1) 掌握用 Swing 来设计图形用户界面的方法；
(2) 掌握组件、容器、布局管理器等概念；
(3) 了解 Swing 主要组件的用法及所采用的事件处理接口。

7.1 AWT 简介

AWT 的全称是抽象窗口工具集(Abstract Window Toolkit)。它是一个特殊的组件，其中包含有其他的组件。它的库类也非常丰富，包括创建 Java 图形界面程序的所有工具。用户可以利用 AWT，在容器中创建标签、按钮、复选框、文本框等用户界面元素。

AWT 中包括图形界面编程的基本类库。它是 Java 语言 GUI 程序设计的核心，它为用户提供基本的界面构件。这些构件是为了使用户和机器之间能够更好地进行交互，而用来建立图形用户界面的独立平台。其中主要由组件类(Component)、容器类(Container)、图形类(Graphics)和布局管理器(LayoutManager)等几部分组成。

- Component(组件类)——按钮、标签、菜单等组件的抽象基本类。
- Container(容器类)——扩展组件的抽象基本类。如 Panel、Applet、Window、Dialog 和 Frame 等是由 Container 演变的类，容器中可以包括多个组件。
- LayoutManager(布局管理器)——定义容器中组件摆放位置和大小接口。Java 中定义了几种默认的布局管理器。
- Graphics(图形类)——组件内与图形处理相关的类，每个组件都包含一个图形类的对象。在 AWT 中存在缺少剪贴板、缺少打印支持等缺陷，甚至没有弹出式菜单和滚动窗口等，因此 Swing 的产生也就成为必然。Swing 是纯 Java 实现的轻量级(light-weight)组件，它不依赖系统的支持。本章主要讨论 Swing 组件基本的使用方法和使用 Swing 组件创建用户界面的初步方法。

7.2 Swing 基础

Swing 元素的屏幕显示性能要比 AWT 好，而且 Swing 是使用纯 Java 来实现的，所以 Swing 也理所当然地具有 Java 的跨平台性。但 Swing 并不是真正使用原生平台提供设备,而是仅仅在模仿。因此,可以在任何平台上来使用 Swing 图形用户界面组件。它不必在它们自己本地窗口中绘制组件,而是在它们所在的轻量级窗口中绘制,因为 Swing 绝大部分是轻量级的组件。AWT 组件具有平台相关性,它是系统对等类的实现。而 Swing 组件在不同平台具有一致性的表现,另外还可以提供本地系统不支持的一些特征,因此 Swing 比 AWT 的组件实用性更强。Swing 采用了 MVC(Model-View-Controller,模型-视图-控制)设计模式。

7.2.1 Swing 的类层次结构

Javax.swing 包中有顶层容器和轻量级两种类型的组件,Swing 轻量级的组件都是由 AWT 的 Container 类直接或者是间接派生而来的。Swing 包是 JFC(Java Foundation Classes) 的一部分,它由许多包组成,如表 7-1 所示。

表 7-1 Swing 包组成内容

包	描述
Com.sum.swing.plaf.motif	实现 Motif 界面样式代表类
Com.sum.java.swing.plaf.windows	实现 Windows 界面样式的代表类
javax.swing	Swing 组件和使用工具
javax.swing.border	Swing 轻量组件的边框
javax.swing.colorchooser	JcolorChooser 的支持类/接口
javax.swing.event	事件和侦听器类
javax.swing.filechooser	JFileChooser 的支持类/接口
javax.swing.pending	未完全实现的 Swing 组件
javax.swing.plaf	抽象类,定义 UI 代表的行为
javax.swing.plaf.basic	实现所有标准界面样式公共基类
javax.swing.plaf.metal	实现 Metal 界面样式代表类
javax.swing.table	Jtable 组件
javax.swing.text	支持文档的显示和编辑
javax.swing.text.html	支持显示和编辑 HTML 文档
javax.swing.text.html.parser	HTML 文档的分析器
javax.swing.text.rtf	支持显示和编辑 RTF 文件
javax.swing.tree	Jtree 组件的支持类
javax.swing.undo	支持取消操作

在表 7-1 所示的包中,javax.swing 是 Swing 所提供最大的包,其中包含 100 个类和 25 个接口,并且绝大部分的组件都包含在 Swing 包中。javax.swing.event 包中定义了事件和事件处理类,这与 java.awt.event 包类似,主要包括事件类和监听器接口、事件适配器。javax.swing.pending 包主要是一些没有完全实现的组件。javax.swing.table 包中主要

是 Jtable 类的支持类。javax.swing.tree 包同样也是 Jtree 类的支持类。javax.swing.text、javax.swing.text.html、javax.swing.text.html.parser 和 javax.swing.text.rtf 包都是与文档显示和编辑相关的包。

7.2.2 Swing 的特点

Swing 的主要特点如下：

(1) 组件的多样化。虽然 AWT 是 Swing 的基础，但是 Swing 中却提供了比 AWT 更多的图形界面组件。而且 Swing 中组件的类名都是由字母"J"开头，还增加了一些比较复杂的高级组件，如 JTable、JTree。

(2) MVC 模式。MVC 模型的普遍实用性是 Swing 比较突出的特点。其主要包括模型、视图和控制器三部分结构。模型用于保存所用到的数据，视图则用于显示数据的内容，控制器用于处理用户和模块交互事件。MVC 设计思想可以使内容本身和显示方式分类，使数据显示更加灵活多变。

(3) 可存取性支持。Swing 的所有组件为了实现对可存取的支持而实现了 Accessible 接口。

(4) 支持键盘操作。在 Swing 中支持传统意义上的热键操作，这样就可以替代用户鼠标操作。

(5) 使用图标(Icon)。在 Swing 中可以通过添加图标来修饰自己，这样就更加丰富了 Swing 的功能，而且也会使得界面更加美观。

7.2.3 Swing 程序结构简介

使用 Swing 进行程序设计，首先要引入 Swing 的包、创建顶层的容器、在容器中创建按钮和标签等一系列的组件，并将组件添加到顶层容器中，然后在组件的周围添加边界，最后对组件的事件进行处理。

【例 7-1】 一个简单的 Swing GUI 应用程序。该程序生成一个窗口，窗口中有一个标签，用于显示输出。

```
import java.awt.*;
import javax.swing.*;
public class SwingDemo
{
    public static void main(String args[])
    {
        JFrame fm = new JFrame("第一个 Windows 程序");
        JLabel label = new JLabel("这是第一个 GUI 程序");
        Container c = fm.getContentPane();
        c.add(label);
        fm.setSize(200, 150);
        fm.setVisible(true);
```

}
 }
程序运行结果如图7-1所示。

图7-1 程序运行结果

7.3 容　　器

Java的图形用户界面的最基本组成部分是构件。构件是能以图形化的方式显示在屏幕上并能与用户进行交互的对象。构件不能独立显示，必须将构件放在一定的容器中才可以使其显示出来。

7.3.1 框架窗体JFrame

框架JFrame是在Swing中经常使用到的组件，是最底层的容器，可称之为"窗口"。

1. 创建框架JFrame的方法

(1) JFrame()：创建一个无标题的初始不可见框架。

(2) JFrame(String title)：创建标题为title的一个有标题的初始不可见框架。

例如，创建标题为"Java GUI应用程序"的框架对象frame的语句如下：

  JFrame frame=new JFrame("Java GUI应用程序");

2. 框架JFrame的常用方法

(1) SetVisible(true):显示框架窗口。

(2) SetSize(宽，高)：设置框架尺寸，一般在显示前进行。

(3) Pack()：使框架的初始大小正好显示出所有组件。

(4) SetDefaultCloseOperation(Jframe.EXIT_ON_CLOSE)：设置关闭窗口。

(5) Container getContentPane()：获得内容面板。

(6) SetContentPane(容器对象)：用其他容器替换内容面板。

【例7-2】 生成一个JFrame窗口。

```
    import java.awt.* ;
    import javax.swing.*;
    public class JFrameDemo1{
        public static void main(String args[])  {
            JFrame frame = new JFrame("框架窗口");        //创建窗口
```

```
        Container c = frame.getContentPane();      //获取内容面板
        JButton bt = new JButton("按钮");           //创建按钮
        c.add(bt);                                  //添加按钮
        frame.setSize(200, 100);                    //设置框架大小
        frame.setVisible(true);                     //设置框架的可见性
    }
}
```

程序运行结果如图 7-2 所示。

图 7-2　程序运行结果

【例 7-3】 用类继承结构形式创建窗口。

```
import java.awt.*;
import javax.swing.*;
public class JFrameDemo2 extends JFrame        //定义框架 JFrameDemo2
{
    JFrameDemo2(){                             //构造方法
        super("框架窗口");                      //框架标题
        setSize(200, 100);
        setBackground(Color.blue);
        setVisible(true);
    }
    public static void main(String args[])
    {
        JFrameDemo2 frame = new JFrameDemo2();  //创建框架
    }
}
```

程序运行结果如图 7-3 所示。

图 7-3　程序运行结果

7.3.2 面板容器 JPanel

面板容器 JPanel 也是 Java 中常用到的容器之一，面板是一种透明的容器，既没有标题，也没有边框，就像一块透明的玻璃。与 JFrame 不同，它不能作为最外层的容器单独存在，它首先必须作为一个构件放置到其他容器中，然后再把它作为容器，把其他构件放到其中。

1．创建面板 JPanle 的方法

(1) JPanle()：创建具有默认 FlowLayout 布局的 JPanle 对象。

(2) JPanle(LayoutManager layout)：创建具有指定布局管理器的 JPanle 对象。

2．面板 JPanle 的常用方法

public void setBorder(Border border)：设置边框。

其中，Border 类的参数可用 java.swing.BorderFactory 类中的方法获得。获取相应边框的方法如下：

(1) createEmptyBorder()：普通边框。

(2) createCompoundBorder()：组合边框。

(3) createTitledBorder()：带标题的边框。

【例 7-4】 创建面板，并在面板中放置一个按钮。

```
import java.awt.*;
import javax.swing.*;
public class JPanelDemo {
    public static void main(String args[])    {
        JFrame fm = new JFrame("JPanelDemo");
        Container c = fm.getContentPane();      //获得内容面板
        Jpanel panel = new JPanel();            //创建面板
        JButton bt = new JButton("测试");
        panel.add(bt);                          //在面板中加入按钮
        c.add(panel);                           //在框架中加入面板
        fm.setSize(200, 100);
        fm.setVisible(true);
    }
}
```

程序运行结果如图 7-4 所示。

图 7-4 程序运行结果

7.4 布局管理器

布局管理器可以对窗口中的组件做有效的布局。Java 中的容器和布局管理器相分离，也就是容器只是把组件放置进来。至于如何放置就要使用到布局管理器了。布局管理器主要包括 BroderLayout、FlowLayout、GridLayout 等。本节主要介绍 4 种常用的布局管理器。

7.4.1 FlowLayout 布局管理器

FlowLayout 布局管理器也叫做流式布局管理器，使用它可以将组件从左到右、从上到下进行排放，并且在默认的情况下尽可能地选用居中放置，总会根据自身的大小来进行自动排列，而不需要用户进行任何明确的操作。

流式布局管理器的特点是在一行上水平地进行排列，直到该行没有空间为止，然后就会重新换行进行排列。当用户缩小容器时，如果长度小于当前摆放的组件长度，则将多余的组件切换到下一行中进行排列。如果此时将容器放大，则会将第二排的组件重新放置到第一排中多出的空间中。

创建 FlowLayout 布局的主要方法如下：

(1) FlowLayout()：默认居中对齐，组件间距为 5 个像素单位。

(2) FlowLayout(int align)：可以设置对齐方式。

组件对齐方式包括：FlowLayout.RIGHT(右对齐)、FlowLayout.CENTER(居中对齐)、FlowLayout.LEFT(左对齐)。

(3) FlowLayout(int align,int hgap,int vgap)：可以设置对齐方式和上下间距。

【例 7-5】 在窗口中以 FlowLayout 方式加入 5 个按钮。

```
//在窗口中以 FlowLayout 方式加入 5 个按钮
import java.awt.*;
import javax.swing.*;
public class FlowDemo{
    public static void main(String args[])    {
        JFrame frm=new JFrame("Flow Layout");
        Container c = frm.getContentPane() ;        //获取内容面板
        FlowLayout flow = new FlowLayout(FlowLayout.CENTER, 5, 10);    //设置布局
        c.setLayout(flow);                //设置版面布局为流式
        for (int i=1 ; i<=5 ; i++)
           c.add(new JButton("按钮"+i));        //加入按钮
           frm.setSize(300, 150);
           frm.setVisible(true);
    }
}
```

程序运行结果如图 7-5 所示。拖曳放大窗口后，效果如图 7-6 所示。

图 7-5　程序运行结果

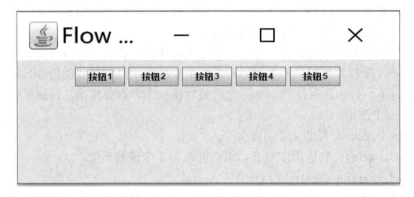

图 7-6　放大窗口效果

7.4.2　BorderLayout 布局管理器

　　BorderLayout 布局管理器又叫边界布局管理器，在 Java 中是最基础的布局管理器之一，而且也是比较常用的管理器，是面板默认的布局管理器。边界布局管理器的特点就是将整个面板分为 5 个部分，分别对应东、西、南、北、中。如果一个面板被设置成边界布局后，所有填入某一区域的组件都会按照该区域的空间进行调整，直到完全充满该区域。如果此时将面板的大小进行调整，则四周区域的大小不会发生改变，只有中间区域被放大或缩小。

　　BorderLayout 是 JFrame 和 JApplet 的默认布局方式。

　　创建 BorderLayout 布局的方法如下：

　　(1) BorderLayout()：创建组件间无间距的 BorderLayout 对象。

　　(2) BorderLayout(int hgap, int vgap)：创建有指定组件间距的 BorderLayout 对象。

　　【例 7-6】将 5 个按钮加入 BorderLayout 的 5 个区。

```
//将按钮加入 BorderLayout 的 5 个区
import java.awt.*;
import javax.swing.*;
```

```
public class BorderDemo
{
    public static void main(String args[])
    {
        JFrame frm=new JFrame("BorderLayout");
        Container   c = frm.getContentPane();
        c.setLayout(new BorderLayout() );          //设置布局为 BorderLayout
        c.add(BorderLayout.NORTH, new JButton("北"));
        c.add(BorderLayout.SOUTH, new JButton("南"));
        c.add(BorderLayout.EAST, new JButton("东"));
        c.add(BorderLayout.WEST, new JButton("西"));
        c.add(BorderLayout.CENTER, new JButton("中")) ;
        frm.setSize(200, 150);
        frm.setVisible(true);
    }
}
```

程序运行结果如图 7-7 所示。

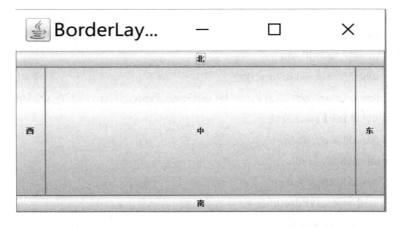

图 7-7　程序运行结果

7.4.3　BoxLayout 布局管理器

BoxLayout 布局管理器又叫做箱式布局管理器，顾名思义，就相当于将一组组件放置到一个箱子中然后将箱子排成一列。用户还可以通过传入构造方法的参数来决定如何排列，分为横向和纵向两种。

创建箱式布局管理器时需要设置参数，用于选择横向布局或纵向布局。选择横向布局时，组件的排列顺序是从左到右。选择纵向布局时，组件的排列顺序是从上到下。

【例 7-7】 利用 BoxLayout 布局，设计登录界面。

```
import javax.swing.*;
```

```java
import java.awt.*;
class BoxLayoutDemo extends JFrame {
    private JLabel    jLabel2, jLabel3;
    private JButton jConnect;
    private JTextField jUID;
    private JPasswordField jPwd;
    BoxLayoutDemo() {
        super("登录界面");
        jLabel2 = new JLabel("用户名");
        jLabel3 = new JLabel("密码");
        jConnect = new JButton("登录");
        jUID = new JTextField(15);
        jPwd = new JPasswordField(15);
        Box userName = Box.createHorizontalBox();        //创建 Box 容器的水平格式
        Box password = Box.createHorizontalBox();
        Box submitButton = Box.createHorizontalBox();
        userName.add(jLabel2);                            //在 Box 容器中加入组件
        userName.add(jUID);
        password.add(jLabel3);
        password.add(jPwd);
        submitButton.add(jConnect);
        this.setLayout(new BoxLayout(this.getContentPane(), BoxLayout.Y_AXIS));
        //设置 BoxLayout 布局
        this.add(userName);
        this.add(password);
        this.add(submitButton);
        userName.setVisible(true);
        password.setVisible(true);
        submitButton.setVisible(true);
        this.setSize(150, 150);
        this.setVisible(true);
        this.setDefaultCloseOperation(EXIT_ON_CLOSE);
    }
    public static void main(String[] args) {
        new BoxLayoutDemo();
    }
}
```

程序运行结果如图 7-8 所示。

图 7-8　程序运行结果

7.4.4　GridLayout 布局管理器

GridLayout 是网格布局管理器，该管理器负责将一个容器按照规则的形状分割成多个区域。对 GridLayout 的设置，可以根据横向或者纵向的方法，两者指定的方法分别是 setHgap 和 setVgap。而且可以直接在构造方法中指定，横向组件间隔宽度和纵向组件间隔宽度对应的属性是 hgap 和 vgap。

【例 7-8】 设置 GridLayout 布局。

```
import java.awt.* ;
import javax.swing.*;
public class GridDemo
{
    public static void main(String args[])
    {
        Jframe fm = new JFrame("GridLayout 布局") ;
        Container c = fm.getContentPane() ;
        GridLayout g = new GridLayout(4, 3);      //设置布局为 4 行 3 列
        c.setLayout(g) ;
        Jbutton b[] = new JButton[9] ;            //定义按钮数组
        for (int i=0 ; i<9 ; i++)
        {
            b[i] = new JButton("" + i) ;
            c.add(b[i]);
        }
        fm.pack();
        fm.setVisible(true);
    }
}
```

程序运行结果如图 7-9 所示。

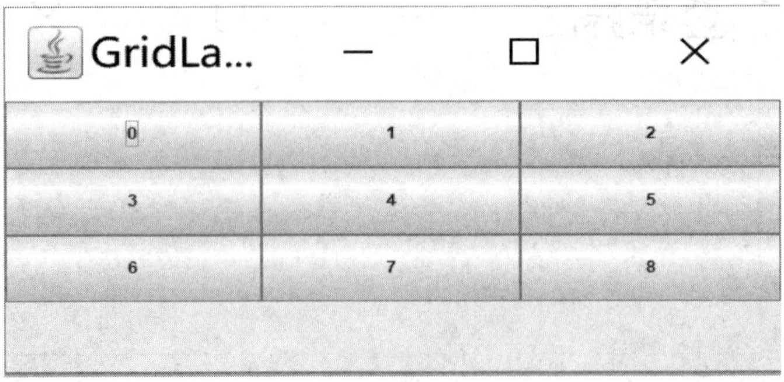

图 7-9　程序运行结果

7.5　Swing 组件

Swing 组件与 AWT 组件相似，但 Swing 又为每一个组件增添了新的方法，并提供了更多的高级组件。所以本节将从 Swing 的基本组件中选取几个比较典型的组件进行详细讲解，本节没有讨论到的组件，读者在使用中遇到困难时，可参阅 API 文档。

7.5.1　按钮(JButton)

Swing 中的按钮是 JButton，它是 javax.swing.AbstracButton 类的子类，Swing 中的按钮可以显示图像，并且可以将按钮设置为窗口的默认图标，而且还可以将多个图像指定给一个按钮。

1．创建按钮

创建按钮的方法如下：

(1) JButton()：创建空按钮。

(2) JButton(Icon icon)：按钮上显示图标。

(3) JButton(String text)：按钮上显示字符。

(4) JButton(String text, Icon icon)：按钮上既显示图标又显示字符。

2．常用方法

Jbutton 的常用方法如下：

(1) String getText()：获取按钮标签字符串。

(2) void setText(String s)：设置按钮标签。

(3) void setActionCommand(String ac)：设置按钮动作命令。

(4) String getActionCommand()：获取按钮动作命令。

【例 7-9】　设置按钮的示例。

```
import java.awt.*;
import javax.swing.*;
public class TipButtons extends JPanel {
```

```
        static JFrame myFrame;                      //定义框架对象
        public TipButtons(){                         //定义构造函数
            JButton hello = new JButton("Hello");    //定义按钮
            hello.setMnemonic('h');                  //为按钮操作添加快捷键
            hello.setToolTipText("Hello World");     //为按钮设置工具提示
            JButton bye = new JButton("Bye");
            bye.setMnemonic('b');
            bye.setToolTipText("Good Bye");
            add(bye);
            add(hello);
        }
        public static void main(String args[]){      //主函数
            myFrame = new JFrame("有工具提示的按钮");  //生成框架
            TipButtons tb = new TipButtons();         //生成子面板
            myFrame.getContentPane().add("Center", tb); //框架中加入面板
            myFrame.setSize(300,100);
            myFrame.setBackground(Color.orange);
            myFrame.setVisible(true);
        }
    }
```
程序运行结果如图 7-10 所示。

图 7-10 程序运行结果

7.5.2 复选框(JCheckBox)

使用复选框可以完成多项选择，Swing 中的复选框和 AWT 中的复选框相比，优点就是在 Swing 复选框中可以添加图片。

复选框可以为每一次的单击操作添加一个事件。复选框的构造方法如下：

(1) JCheckBox()：创建一个无文本、无图标、未被选定的复选框。

(2) JCheckBox(Action a)：创建一个复选框，属性由参数 Action 提供。

(3) JCheckBox(Icon icon)：创建一个有图标，但未被选定的复选框。

(4) JCheckBox(Icon icon, boolean selected)：创建一个有图标，并且指定是否被选定的复选框。

(5) JCheckBox(String text)：创建一个有文本，但未被选定的复选框。

(6) JCheckBox(String text, boolean selected)：创建一个有文本，并且指定是否被选定的复选框。

(7) JCheckBox(String text, Icon icon)：创建一个指定文本和图标，但未被选定的复选框。

(8) JCheckBox(String text, Icon icon, boolean selected)：创建一个指定文本和图标，并指定是否被选定的复选框。

【例 7-10】 提供 3 个复选框供用户选择。

```java
import java.awt.*;

import javax.swing.*;
public class CheckboxDemo extends JFrame
{
    CheckboxDemo(){
        JPanel pan = new JPanel();
        JLabel lab = new JLabel("喜欢运动: ");
        JCheckBox ckb1 = new JCheckBox("滑雪", true);
        JCheckBox ckb2 = new JCheckBox("登山", true);
        JCheckBox ckb3 = new JCheckBox("打球");
        pan.add(lab);
        pan.add(ckb1);                    //把复选框加入窗口中
        pan.add(ckb2);
        pan.add(ckb3);
        add(pan);
        setSize(400,100);
    }
    public static void main(String args[])
    {   CheckboxDemo frm = new CheckboxDemo();
        frm.setVisible(true);
    }
}
```

程序运行结果如图 7-11 所示。

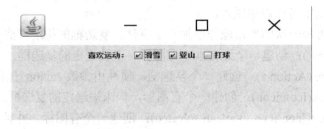

图 7-11　程序运行结果

7.5.3 单选按钮(JRadioButton)

单选按钮(JRadioButton)与 AWT 中的复选框组件功能类似，通常 JRadioButton 和 ButtonGroup 配合在一起使用，作用是一次创建一组按钮，并且在这一组按钮中，每一次只能够选中一个按钮。需要使用到 add()方法将 JRadioButton 添加到 ButtonGroup 中。使用 ButtonGroup 对象进行分组是逻辑分组而不是物理分组。创建一组按钮通常需要创建一个 JPanel 或者类似容器，并将按钮添加到容器中。

JRadioButton 的常用构造方法如下：

(1) JRadioButton()：用于创建一个未指定图标和文本，并且未被选定的单选按钮。

(2) JRadioButton(Action a)：用于创建一个属性来自 Action 的单选按钮。

(3) JRadioButton(Icon icon)：用于创建一个指定图标未被选定的单选按钮。

(4) JRadioButton(Icon icon, boolean selected)：用于创建一个指定图像和状态的单选按钮。

(5) JRadioButton(String text)：用于创建一个指定文本未被选择的单选按钮。

(6) JRadioButton(String text, boolean selected)：用于创建一个执行文本和选择状态的单选按钮。

(7) JRadioButton(String text, Icon icon)：用于创建一个指定文本和图标未被选择的单选按钮。

(8) JRadioButton(String text, Icon icon, boolean selected)：用于创建一个具有指定的文本、图像和选择状态的单选按钮。

【例 7-11】 使用单选按钮来选择性别。

```
import java.awt.*;
import javax.swing.*;
public class JRadioButtonDemo extends JPanel {
    static JFrame frame;
    JLabel lab;
    JRadioButton mButton, fButton;
    public JRadioButtonDemo(){
      setLayout(new GridLayout(3, 1));                //设置面板布局
        lab = new JLabel("性别:");
        mButton = new JRadioButton("male");           //定义单选按钮
        fButton = new JRadioButton("Female");
        ButtonGroup group = new ButtonGroup();        //定义单选按钮组
        group.add(mButton);
        group.add(fButton);
        add(lab);
        add(mButton);
        add(fButton);
    }
```

```
        public static void main(String s[]) {
            JRadioButtonDemo panel = new JRadioButtonDemo();
            frame = new JFrame("使用 JRadioButton ");
            frame.getContentPane().add("Center", panel);
            frame.pack();
            frame.setVisible(true);
        }
    }
```
程序运行结果如图 7-12 所示。

图 7-12　程序运行结果

7.5.4　组合框(JComboBox)

顾名思义，组合框就是将一些组件(如按钮及下拉菜单)组合的组件。用户可以使用下拉菜单选择不同的选项，还可以在组合框处于编辑状态时，在组合框中键入值。

1．创建组合框

(1) JComboBox()：创建一个没有数据选项的组合框。

(2) JComboBox(Object[] items)：创建一个指定数组元素作为选项的组合框。

2．常用方法

JComboBox 的常用方法如下：

(1) int getItemSelectedIndex()：得到被选条目的索引号。

(2) void setSelectedIndex(int index)：选取指定索引号的条目。

(3) Object getSelectedItem()：得到被选条目。

(4) void setSelectedItem(Object ob)：选取指定条目。

【例 7-12】　利用组合框显示、选取地名。
```
        import java.awt.* ;
        import javax.swing.* ;
        public class JComboBoxDemo extends JFrame
        {
```

```
    private JComboBox    comboBox;
    public JComboBoxDemo()
    {
        super("组合框范例");
        Container c = getContentPane();
        Jpanel panel1 = new JPanel();
        Label label1 = new Label("城市列表：");
        String[] city = {"北京", "天津", "上海", "重庆", "深圳"};
        comboBox = new JComboBox(city);              //创建组合框
        comboBox.setEditable(true);                  //设置组合框可编辑
        panel1.add(label1);
        panel1.add(comboBox);
        c.add(panel1, BorderLayout.NORTH);
    }

    public static void main(String args[])
    {
        JFrame frame = new JComboBoxDemo();
        frame.setDefaultCloseOperation(JFrame.EXIT_ON_CLOSE);
        frame.setSize(250, 150);
        frame.setVisible(true);
    }
}
```
程序运行结果如图 7-13 所示。

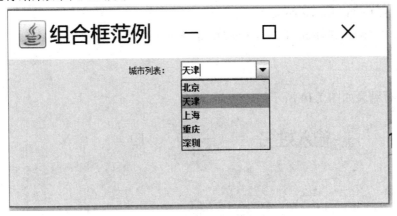

图 7-13　程序运行结果

7.5.5　文本框(JTextField)与文本域(JTextArea)

文本框具有文本输入和编辑的功能，文本框组件用于获取到用户所输入的文本。除此之外还有文本区，文本区和文本框的区别是，前者可以输入多行文本，而文本框只接受单行文本的输入。实现文本框功能的类是 JTextField，其中提供了多个方法，可以设置输入的文本字符长度限制。密码框和文本框的外观一样，并且也继承自 JTextField 类，密码框只提供专门的密码输入，输入内容不能直接显示，在密码框中以星号或其他形式的符号显示在上面。

【例7-13】 使用单行文本框输入用户名。

```
import java.awt.*;
import javax.swing.*;
public class JTextFieldDemo_1 {
    JFrame frame;
    JPanel panel;
    JTextField username;
    JLabel userLabel;
    public JTextFieldDemo_1(){
        frame = new JFrame("输入姓名");
        panel = new JPanel();
        username = new JTextField(10);
        userLabel = new JLabel("用户名:   ");
        panel.add(userLabel);
        panel.add(username);
        frame.getContentPane().add(panel, BorderLayout.CENTER);
        frame.pack();
        frame.setVisible(true);
    }
    public static void main(String[] args) {
        JTextFieldDemo_1 user = new JTextFieldDemo_1();
    }
}
```

程序运行结果如图 7-14 所示。

图 7-14　程序运行结果

【例7-14】 使用多行文本域。

```java
import javax.swing.*;
import java.awt.*;
class JTextAreaDemo extends JFrame
{
    public JTextAreaDemo(){
        super("JTextArea Demo");
        this.setBounds(100, 100, 300, 150);
        this.setLayout(null);
    }
    public static void main(String[] args)
    {
        JTextAreaDemo app = new JTextAreaDemo();
        JTextArea txt = new JTextArea("Tagore:\n");
        txt.append("My heart, the bird of the wilderness, \n ");
        txt.append(" has found its sky in your eyes.\n");
        txt.setForeground(Color.RED);
        txt.setBounds(20, 30, 200, 140);
        txt.select(61, 80);
        app.getContentPane().add(txt);
        app.setVisible(true);
    }
}
```

程序运行结果如图 7-15 所示。

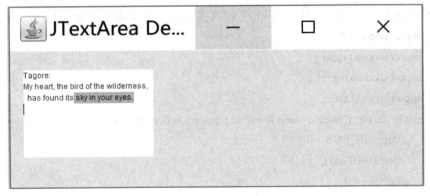

图 7-15　程序运行结果

7.6　事件处理

事件处理是图形界面和用户进行交互的重要组成部分，Java 中的事件处理机制主要包括事件源、事件和事件处理器三部分。首先要做的是为事件注册相对应的事件处理器，并指定事件，然后由事件处理器获取后进行相应的事件处理。

7.6.1 事件监听器

事件监听器是监听所触发事件的对象，其中包含对事件发生后的事件处理操作。对于不同的事件，Java 中也定义了所相应的事件监听器接口。以下是几个常用的事件监听器接口。

(1) ActionListener：接收操作事件的监听器接口。

(2) AdjustmentListener：接收调整事件的监听器接口。

(3) FocusListener：接收组件上的键盘焦点事件的监听器接口。

(4) InputMethodListener：接收输入方法事件的监听器接口。

(5) KeyListener：接收键盘事件的监听器接口。

(6) MouseListener：接收组件上的鼠标事件(包括按下、单击、进入或者离开)的监听器接口。

(7) MouseMotionListener：接收组件上的鼠标移动事件的监听器接口。

(8) MouseWheelListener：接收组件上的鼠标滚轮事件的监听器接口。

(9) TextListener：接收文本事件的监听器接口。

(10) WindowListener：接收窗口事件的监听器接口。

使用监听器，首先要定义监听器类，并实现相应的监听器接口，然后要在组件上使用 addXxxxListener 的方式为组件添加事件监听，最后设置相应的事件处理方法。当组件中的事件触发后，就会根据所添加的事件处理方法进行事件处理。

注册事件监听器可以使用下列方法：

事件源对象.add 件监听器(事件监听器对象);

【例 7-15】 设计 3 个按钮，单击不同的按钮时，在文本框中显示不同的内容。

```
import java.awt.*;
import java.awt.event.*;
import javax.swing.*;
import java.util.Date;
public class But3Event extends JPanel implements ActionListener{
    JButton b1, b2, b3;
    static JTextField t;
    But3Event(){
        b1 = new JButton("welcome");
        b2 = new JButton("date");
        b3 = new JButton("goodbey");
        t = new JTextField("", JLabel.CENTER);
        b1.addActionListener(this);
        b2.addActionListener(this);
        b3.addActionListener(this);
```

```
        add(b1); add(b2); add(b3);
    }
    public void actionPerformed(ActionEvent e){
        if(e.getActionCommand().equals("welcome"))
        t.setText("欢迎进入 Java 世界。");
        if(e.getActionCommand().equals("date"))
        {
            Date rt = new Date();
            t.setText("今天是"+rt);
        }
        if(e.getActionCommand().equals("goodbey"))
            t.setText("再见!");
            t.setHorizontalAlignment(JLabel.CENTER);
    }

    public static void main(String args[]){
        JFrame frame = new JFrame();
        frame.getContentPane().add(new But3Event(),BorderLayout.SOUTH);
        frame.getContentPane().add(t);
        frame.pack();
        frame.setVisible(true);
    }
}
```
程序运行结果如图 7-16 所示。

图 7-16 程序运行结果

7.6.2 事件适配器

前面介绍了事件监听器，都是以实现事件监听器的接口方式进行定义的。Java 中针对每个事件接听器接口，系统定义了相应的实现类，并称为事件适配器。只需要继承事件适配器并覆盖几个必要的方法就可以了，这样一来也使得代码变得更加简洁。

常用的事件监听器有如下几个：

(1) ComponentAdapter：接收组件事件的抽象适配器。

(2) ContainerAdapter：接收容器事件的抽象适配器。

(3) FocusAdapter：接收键盘焦点事件的抽象适配器。

(4) KeyAdapter：接收键盘事件的抽象适配器。

(5) MouseAdapter：接收鼠标事件的抽象适配器。

(6) MouseMotinAdapter：接收鼠标移动事件的抽象适配器。

(7) WindowAdapter：接收窗口事件的抽象适配器。

【例 7-16】 使用事件监听器接口方法关闭窗口。

```
import java.awt.*;
import javax.swing.*;
import java.awt.event.*;
public class TestListener {
    public static void main(String[] args) {
        JFrame f=new JFrame("Java WindowTest");
        f.setSize(200, 150);
        MyListener listener=new MyListener();
        f.addWindowListener(listener);
        f.setVisible(true);
    }
}
//WindowListener 为窗口事件监听器接口
class MyListener implements WindowListener
{   //定义 WindowListener 接口包含的 7 个方法
```

```
        public void windowOpened(WindowEvent e){ }
        public void windowClosing(WindowEvent e)
        {
            System.exit(1);
        }
        public void windowClosed(WindowEvent e){ }
        public void windowIconified(WindowEvent e){ }
        public void windowDeiconified(WindowEvent e){ }
        public void windowActivated(WindowEvent e){ }
        public void windowDeactivated(WindowEvent e){ }
    }
```

7.6.3 事件

事件就是触发一个组件所产生的动作,在 Swing 中,有很多事件,如鼠标事件、焦点事件等,每一个事件类都会与一个事件类接口相对应,并且由事件所引起的动作都会存放在接口需要实现的方法中。

1. 激活构件事件处理——使用 ActionEvent 类

前面的例子中,我们已经使用过 ActionEvent 类,当用户单击按钮或在文本框中输入文字后按 Enter 键时,便会触发激活构件事件。

ActionEvent 类只包含一个事件 actionPerformed()。

(1) 事件源包括:JButton、JTextField、JTextArea、JRadioButton、JCheckBox、JComboBox、JmenuItem。

(2) 需要实现的监听器接口为 ActionListener。

(3) 注册事件监听器的方法为 addActionListener(监听器)。

(4) 处理事件需要重写的方法为 actionPerformed()。

(5) ActionEvent 类的主要方法如下:

① void setActionCommand(String ac):设置按钮动作命令。

② String getActionCommand():获取按钮动作命令。

【例 7-17】 设置 3 个单选按钮,显示 3 种语言名称,用户选择后显示用户所选内容,如图 7-17 所示。

图 7-17 单选按钮效果图

```java
import java.awt.*;
import java.awt.event.*;
import javax.swing.*;
public class JRadioEvent extends JFrame implements ActionListener
{
    JLabel  label;
    ButtonGroup group;
    JRadioButton radio1, radio2, radio3;
    public JRadioEvent()
    {
        super("单选按钮范例");
        Container   c = getContentPane();
        //创建标签
        label = new JLabel("请选择: ", JLabel.CENTER);
        c.add(label, BorderLayout.CENTER);
        //创建 3 个单选按钮
        radio1 = new JRadioButton("简体中文");
        radio2 = new JRadioButton("繁体中文");
        radio3 = new JRadioButton("西文");
        //创建单选按钮组，可省略
        group = new ButtonGroup();
        group.add(radio1);
        group.add(radio2);
        group.add(radio3);
        JPanel panel = new JPanel();            //创建面板
        panel.add(radio1);          panel.add(radio2) ;
        panel.add(radio3);
        c.add(panel, BorderLayout.SOUTH);

        radio1.addActionListener(this);         //设置监听器
        radio2.addActionListener(this);
        radio3.addActionListener(this);
    }
    public void actionPerformed(ActionEvent e)
    {
        JRadioButton rb = (JRadioButton)e.getSource();
        label.setText("你选择的是: " + rb.getText());
    }
    public static void main(String args[])
```

```
        {
            JFrame frame = new JRadioEvent();
            frame.setSize(250, 150);
            frame.setVisible(true);
        }
    }
```

2．鼠标事件——MouseEvent

鼠标事件是由 MouseEvent 负责，而鼠标监听器则有两种，分别是 MouseListener 和 MouseMotionListener。其中 MouseListener 负责鼠标的按下、抬起、进入某一区域。当组件注册了鼠标监听器后，如果组件发生以上的动作事件，就会激活相应的事件处理方法。鼠标事件可以获取到鼠标的光标进入按钮、离开按钮、单击按钮、按下按钮等多种事件。

接口 MouseListener 中的方法如下：

(1) mousePressed(MouseEvent e)：鼠标左键被按下时调用。

(2) mouseClicked(MouseEvent e)：鼠标单击事件。

(3) mouseReleased(MouseEvent e)：鼠标左键被释放时调用。

(4) mouseEntered(MouseEvent e)：鼠标进入当前窗口时调用。

(5) mouseExited(MouseEvent e)：鼠标离开当前窗口时调用。

接口 MouseMotionListener 中的方法如下：

(1) mouseDragged(MouseEvent e)：处理鼠标拖动事件。

(2) mouseMoved(MouseEvent e)：处理鼠标移动事件。

上述两个接口，对应的注册监听器的方法是 addMouseListener()和 addMouseMotionListener()。

【例 7-18】 在窗口拖动鼠标，显示鼠标所在位置的坐标并输出与鼠标操作相应的字符串。

```
import javax.swing.*;
import java.awt.*;
import java.awt.event.*;
import java.awt.event.MouseEvent;
public class Mouse_Event extends JFrame implements MouseMotionListener
{
    static Mouse_Event frm = new Mouse_Event();
    static Label labx = new Label();
    static Label laby = new Label();
    static Label lab = new Label();
    public static void main(String agrs[])
    {
        frm.setLayout(null);
```

```
        frm.addMouseMotionListener(frm );         //设置监听器
        labx.setBounds(40, 40, 40, 20);
        laby.setBounds(100, 40, 40, 20);
        lab.setBounds(40, 80, 100, 40);
        frm.setSize(200, 150);
        frm.add(labx);
        frm.add(laby);
        frm.add(lab);
        frm.setVisible(true);
    }
    public void mouseMoved(MouseEvent e)          //移动鼠标时
    {
        labx.setText("x = "+e.getX());            //显示 X 坐标
        laby.setText("y = "+e.getY());            //显示 Y 坐标
        lab.setText("Mouse Moved!!");             //显示 "Mouse Moved!!" 字符串
    }
    public void mouseDragged(MouseEvent e)        //拖曳鼠标时
    {
        labx.setText("x = "+e.getX());            //显示 X 坐标
        laby.setText("y = "+e.getY());            //显示 Y 坐标
        lab.setText("Mouse Dragged!!");           //显示 "Mouse Dragged!!" 字符串
    }
}
```

实 训 7

图形用户界面设计 1——设计一个简单的计算机界面

实现功能：

编写Java程序，实现如下功能：

(1) 定义窗口。

(2) 在窗口的上部加入一个标签，用于显示用户输入的数值。

(3) 在面板1上加入10个数字及"="号按钮，在面板2上加入4个运算符按钮。

(4) 将两个面板加到窗口的正确位置。

运行结果：

程序运行结果如图7-18所示。

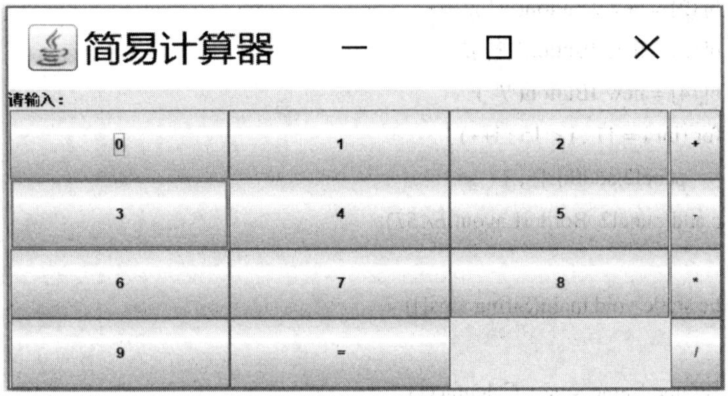

图 7-18 程序运行结果

参考代码：

```
import java.awt.*;
import javax.swing.*;
public class Calcuface extends JFrame
{
    public Calcuface()
    {
        Container c = getContentPane();
        //创建标签
        JLabel label = new JLabel("请输入: ", JLabel.LEFT);
        c.add(label, BorderLayout.NORTH);
        //创建面板
        JPanel panel1 = new JPanel();
        JPanel panel2 = new JPanel();
        panel1.setLayout(new GridLayout(4, 3));        //设置4×3网格布局
        panel2.setLayout(new GridLayout(4, 1));
        //创建按钮
        JButton b[] = new JButton[15];
        for (int i = 0 ; i < 10 ; i++) {
            b[i] = new JButton("" + i) ;
            panel1.add(b[i]) ;                          //添入面板
        }
        b[10] = new JButton("=" );
        panel1.add(b[10]);
        c.add(panel1,BorderLayout.CENTER);              //添入窗口

        b[11] = new JButton("+" );
```

```
            b[12] = new JButton("-" );
            b[13] = new JButton("*" );
            b[14] = new JButton("/" );
            for (int i = 11 ; i < 15 ; i++) {
                panel2.add(b[i]) ; }
            c.add(panel2, BorderLayout.EAST);
        }
        public static void main(String args[])
        {
            JFrame frame = new Calcuface();
            frame.setTitle("简易计算器");
            frame.pack() ;
            frame.setVisible(true) ;
        }
    }
```

图形用户界面设计 2——显示文本框输入内容并学会文本框等事件的处理方法

实现功能：

编写 Java 程序，实现如下功能：
(1) 用户在文本框中输入内容并按 Enter 键后，在文本域内显示其内容。
(2) 单击"退出"按钮时，关闭当前窗口。
(3) 窗口上方为文本域，下方是两个标签、两个单行文本框和一个按钮组件。

运行结果：

程序运行结果如图 7-19 所示。

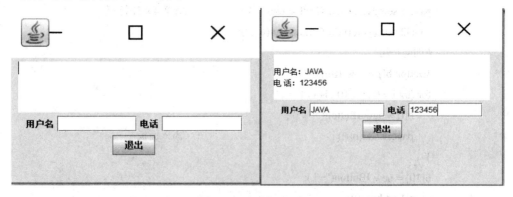

图 7-19 程序运行结果

参考代码：

```
import javax.swing.*;
import java.awt.*;
```

```java
import java.awt.event.*;
public class JTEvent extends JFrame implements ActionListener {
    JButton btn;
    JTextField tf1,tf2;
    JTextArea Area;
    JTEvent()
    {
        super("添加组件的窗口");
        addWindowListener(new WindowAdapter() {
            public void window Closing(WindowEvent e) {
                System.exit(0);
            }
        });
        setSize(300,200);
        setLocation(200,200);                        //设置窗口显示位置
        setFont(new Font("Arial", Font.PLAIN, 12));  //设置字体
        setLayout(new FlowLayout());
        Area=new JTextArea (4,30);
        tf1=new JTextField(10);
        tf2=new JTextField(10);
        btn=new JButton("退出");
        add(Area);
        add(new JLabel("用户名"));
        add(tf1);
        add(new JLabel("电话"));
        add(tf2);
        add(btn);
        tf1.addActionListener(this);
        tf2.addActionListener(this);
        btn.addActionListener(this);
        setVisible(true);
    }
    public static void main(String args[])
    {
        new JTEvent();
    }
    public void action Performed(ActionEvent e)
    {
        if (e.getSource() == tf1)
```

```
                Area.append("用户名: " + tf1.getText() + "\n");
            if (e.getSource() == tf2)
                Area.append("电话: " + tf2.getText() + "\n");
            if (e.getSource() == btn) {
                for (int i = 0; i < 100000000; i++);
                    dispose();                    //只关闭当前窗口，注销该对象
            }
        }
    }
}
```

习 题 7

一、选择题

1. 下列说法中错误的是(　　)。
   A．对 Swing 构件只能设置一个边框
   B．Swing 构件能建立组合边框或自己设计边框
   C．在 Swing 构件中，按钮可以使用图标修饰
   D．Swing 构件支持键盘代替鼠标的操作
2. 向容器添加新构件的方法是(　　)。
   A．add()　　　B．insert()　　　C．fill()　　　D．set()
3. 关于布局管理器 LayoutManager，下列说法中正确的是(　　)。
   A．布局管理器是用来部署 Java 应用程序的网上发布的
   B．LayoutManager 本身不是接口
   C．布局管理器是用来管理构件放置在容器中的位置和大小的
   D．以上说法都不对
4. JTextField 类提供的 GUI 功能是(　　)。
   A．文本区域　　　　　　　　B．按钮
   C．文本字段　　　　　　　　D．菜单
5. 将 GUI 窗口划分为东、西、南、北、中五个部分的布局管理器是(　　)。
   A．FlowLayout　　　　　　　B．GridLayout
   C．BoxLayout　　　　　　　 D．BorderLayout
6. 关于 Panel，下列说法中错误的是(　　)。
   A．Panel 可以作为最外层的容器单独存在
   B．Panel 必须作为一个构件放置在其他容器中
   C．Panel 可以是透明的，没有边框和标题
   D．Panel 是一种构件，也是一种容器

二、填空题

1. (   )包括5个明显的区域:东、南、西、北、中。

2. Java 的图形界面技术经历了两个发展阶段,分别通过提供 AWT 开发包和(   )开发包来实现。

3. 可以使用 setLoaction(   )、setSize(   )或(   )中的任何一种方法设置组件的大小或位置。

4. (   )布局管理器使容器中各个构件呈网格布局,平均占据容器空间。

5. 框架的默认布局管理器是(   )。

三、编程题

1. 制作如图 7-20 所示的登录界面。

图 7-20　登录界面

2. 制作如图 7-21 所示的选择界面。

图 7-21　选择界面

第 8 章　Java 的数据库编程基础

教学目标

(1) 理解 JDBC 的基本概念；
(2) 掌握 JDBC 驱动程序的获取方法；
(3) 掌握 JDBC 操作的基本步骤；
(4) 掌握结果集 ResultSet 处理方法；
(5) 掌握 Java GUI 与 JDBC 配合使用的方法。

8.1　JDBC 概 述

Java 中最重要的数据仓库就是数据库，Java 程序中可以通过 JDBC(Java Database Connectivity)技术连接数据库及存储数据。数据的读取方式及效率对程序的性能有着重要的影响。合理的应用连接池可以很大程度地减少数据的存取响应事件。通过本章的学习，读者可以掌握在 Java 程序中编写数据库操作的相关知识。

8.1.1　JDBC 功能简介

JDBC 是一套面向对象的应用程序接口，它制定了统一的访问各类关系数据库的标准接口，为各个数据库厂商提供了标准并且统一的接口实现。通过使用 JDBC 技术，开发人员可以使用纯 Java 语言和标准的 SQL 语句编写完整的数据库应用程序，并且真正地实现了软件的跨平台运行。本节主要介绍 JDBC 技术的相关知识。

8.1.2　JDBC 的数据库访问模型

JDBC 是一组使用 Java 语言编写、用于连接数据库的程序接口(API)。在应用项目开发过程中，程序员可以使用 JDBC 中的类和接口来连接多种关系型数据库并进行数据操作，避免了使用不同数据库时，需要重新编写连接数据库程序的麻烦。

使用 JDBC 时不需要知道底层数据库的细节，JDBC 操作不同的数据库仅仅是连接方式的差异而已。使用 JDBC 的应用程序一旦与数据库建立连接，就可以使用 JDBC 提供的编程接口(API)操作数据库，使用 JDBC 操作数据的访问模型如图 8-1 所示。

图 8-1　JDBC 数据库访问模型图

JDBC 的优点如下：

(1) JDBC 与 ODBC 十分相似，便于软件开发人员理解。

(2) JDBC 使软件开发人员从复杂的驱动程序编写工作中解脱出来，他们可以完全专注于业务逻辑的开发。

(3) JDBC 支持多种关系型数据库，这样可以增加软件的可移植性。

(4) JDBC 编写接口是面向对象的，开发人员可以将常用的方法进行二次封装，从而提高代码的重用性。

JDBC 的缺点如下：

(1) 通过 JDBC 访问数据库，相比直接访问数据库，实际的操作速度会降低。

(2) 虽然 JDBC 编程接口是面向对象的，但通过 JDBC 访问数据库依然是面向关系的。

(3) JDBC 提供了对不同厂家的产品支持，这样对数据源的操作有所影响。

8.1.3　JDBC 的 API 介绍

JDBC 技术为开发人员提供了一个标准的 API，能够用纯 Java API 编写数据库应用程序。目前，比较常见的 JDBC 驱动程序有 4 种，如表 8-1 所示。

表 8-1　驱动程序类型

驱动类型名称	说　　明
JDBC-ODBC 桥	通过 JDBC 访问 ODBC 接口的驱动程序，使用过程中，需要依赖 ODBC 对于数据库的支持
本地 API	此驱动是将客户端上的 JDBC API 转换成数据库管理系统(DBMS)来调用，实现数据库访问
网络 Java 驱动程序	此驱动程序通过网络协议进行数据库连接，在 DBMS 交互协议之上，又通过一种网络协议，较为灵活，但对于网络依赖非常大
本地协议 纯 Java 驱动程序	此驱动程序将 JDBC 调用直接转换为 DBMS 使用的协议，客户端可以直接调用 DBMS 服务器，进行数据库操作。数据库厂商提供专用的 DBMS 使用协议

在这 4 种驱动程序中，本地协议纯 Java 驱动程序访问和操作数据库的速度最快。

使用 JDBC 操作数据库必须安装驱动程序，大多数数据库厂商都提供了驱动程序，常见数据库的驱动程序全限定名以及访问 URL 如表 8-2 所示。

表 8-2　数据库驱动程序及访问 URL

数据库名称	驱动文件名	驱动全限定名及访问 URL
SQL Server 2008	sql jdbc.jar	com.microsoft.sqlserver.dbc.SQLServerDriver jdbc:sqlserver://localhost:1433;DatabaseName=数据库名
MySQL	mysql-connector-java-x.x.x-bin.jar	com.mysql.jdbc.Driver jdbc:mysql://localhost:3306/数据库名
Oracle	class11.jar	oracle.jdbc.drvier.OracleDriver Jdbc:oracle:thin:@localhost:1521:数据库名
DB2	db2jcc.jar	com.ibm.db2.jdbc.net.DB2Drvier Jdbc:db2://localhost:6789/数据库名
Derby	derby.jar	org.apache.derby.jdbc.EmbeddedDriver Jdbc:derby://localhost:1527:数据库名;create=false

Derby 是一个用 Java 语言编写的开源数据库，它作为一个嵌入式数据库嵌入在 JDK 的安装程序中。

8.2　应用 JDBC 访问数据库

使用 JDBC 访问数据库，一定要遵循如下步骤，如图 8-2 所示。

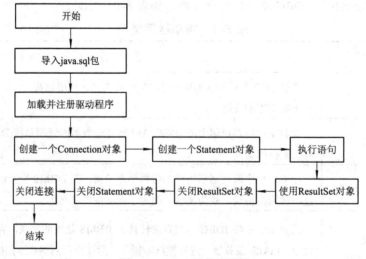

图 8-2　JDBC 操作流程图

（1）导入 java.sql 包。
（2）加载驱动程序。
（3）创建数据库连接。

(4) 创建 Statement 对象。

(5) 书写 SQL 语句。

(6) 执行 SQL 语句。

(7) 处理执行结果。

(8) 关闭数据库连接。

8.2.1 加载 JDBC 驱动

相对于操作系统来说，数据库系统是一种系统软件，同时 JVM 也是一种系统软件。如果需要 Java 语言来操作数据系统，就相当于在电脑上插入摄像头一样的原理，两种硬件之间需要有统一标准的接口和协议。同样，数据库相对于 Java 语言来讲，也是一种新的"硬件"，所以 Java 语言需要数据库厂商提供的标准的接口和协议才能使用，这就是数据库的 JDBC 驱动程序。在编写代码之前，需要将数据库厂商提供的驱动程序 jar 文件加入到开发工具的构建路径中，以便程序运行时能够准确找到驱动并使用。常见的构建路径添加方法有 3 种，下面分别讲述并分析其优缺点。

1. 绝对路径引入

在项目上单击鼠标右键，选择 Build Path 扩展，选择最后一项 Configure Build Path，再在如图 8-3 所示的 Libraries 选项卡中选择右侧第二项 Add External JARs，在弹出的对话框中找到驱动程序 jar 文件，如图 8-4 所示。完成后确定退出，如图 8-5、图 8-6 所示。

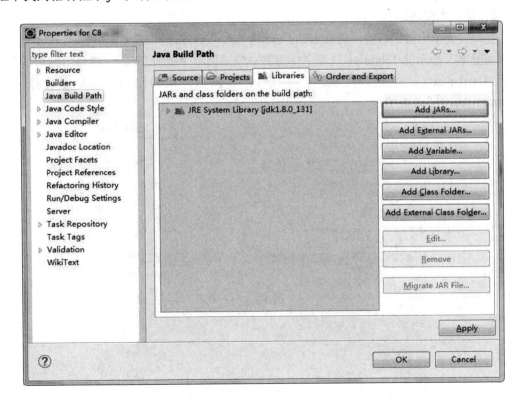

图 8-3 构建路径

图 8-4 浏览 jar 文件

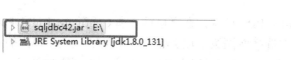

图 8-5 引入 jar 文件   图 8-6 引入完毕效果

2．使用类库添加

在项目上单击鼠标右键，选择 Build Path 扩展，选择最后一项 Configure Build Path，再在如图 8-3 所示的 Libraries 选项卡中选择右侧第四项 Add Library，在弹出的对话框中选择 UserLibrary，如图 8-7 所示。单击 Next 按钮，在弹出的对话框中选择 User Libraries，如图 8-8 所示。

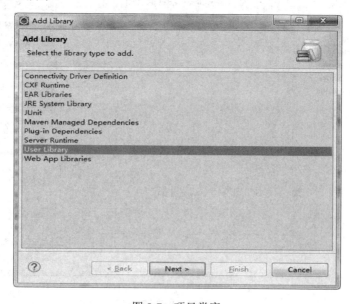

图 8-7 项目类库

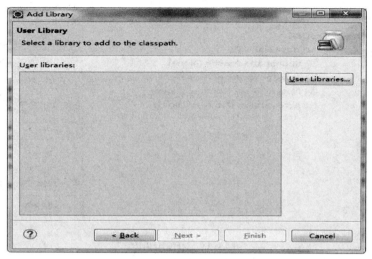

图 8-8 新建用户库(1)

新建用户 Library，如图 8-9 所示。单击 New 按钮，在弹出的对话框中输入名称，如图 8-10 所示。单击 OK 按钮，在弹出的对话框中选择 Add JARs，选择 jar 文件，如图 8-11 所示，逐层确定后退出。

图 8-9 新建用户库(2)

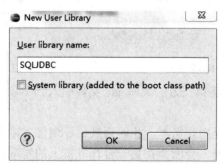

图 8-10 新建用户库(3)

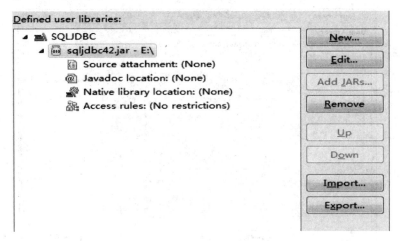

图 8-11　引用用户库

3．本项目内相对路径引入

在项目上单击鼠标右键，选择新建→Folder，输入 lib 作为文件夹的名字。将 jar 文件复制粘贴进入 lib 文件夹，如图 8-12 所示。然后在 jar 文件上单击右键，选择 Build Path→Add to Build Path，如图 8-13 所示。

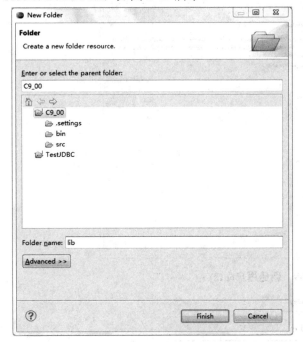

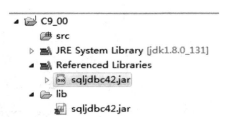

图 8-12　新建 lib 文件夹　　　　　　　图 8-13　粘贴 jar 文件并添加构建路径

上述 3 种方法都可以将第三方的类库 jar 文件引入到本项目中。下面对每种方式的优缺点进行对比。

绝对路径引入的优点是操作简单，相对直观，不增加本项目的大小；缺点是如果这个项目更换到另外的运行环境，会因为在另一台计算机上的对应位置无法找到 jar 文件，而出现编译和运行错误。每个项目引入的 jar 文件只能在这个项目中使用。

用户库引入的优点是可以一次性地建立用户库,可以被工作空间中所有的项目引用,方便类库的更换与升级;缺点与上面的方法一样,都是如果项目迁移,类库不会随之迁移。在后续的开发中会用到这种方法。

本项目内相对路径引入的优点是类库直接存在于本项目中,与项目中其他类是相对引用关系,无论项目如何迁移,类与类之间的路径关系不变,无需重新引用;缺点是随着项目引用的第三方库越来越多,项目会越变越大,编译速度会受到影响。对于新手程序员,推荐采用这种方法。

JDBC 中加载驱动的方式统一使用如下方法:

  Class.forName("com.microsoft.dbc.sqlserver.SQLServerDriver");

我们使用的 MS SQLServer 的驱动程序类的全限定名是:

  com.microsoft.dbc.sqlserver.SQLServerDriver

如果使用其他数据库,则此处对应加载相应的类文件。

8.2.2 创建数据库连接

创建数据库连接需要使用到 DriverManager 类和 Connection 接口。

DriverManager 类负责根据已经加载的驱动程序,按照规定格式的 URL 去连接指定的数据库,并且返回 Connection 类型对象。这里说的 URL 是根据各数据库系统的不同,各厂商分别提供了合格的 URL,参看表 8-2。连接数据库服务器还需要合法的数据库用户名和密码,如果其中涉及空白密码,需要用连续两个双引号表示空白字符,切记不能不写或者写 null。

  String url = "jdbc:sqlserver://localhost:1433;databaseName=TestDB";

  String username = "sa";

  String pswd = "sasa";

  Connection connection = DriverManager.getConnection(url,username,pswd);

执行完上面代码,即获得一个 Java 程序与数据库之间的连接对象 connection,可以通过 DEBUG 方法或者输出的方法来观察这个对象。如果不为 null,则可以认为数据库连接成功。反之,则需要根据异常信息进行调试。

8.2.3 执行查询语句

SQL 语句根据对数据库的操作可以分为读操作和写操作。其中执行查询语句数据属于读操作,执行过后数据表中内容没有变化,增加、删除、修改语句数据属于写操作,执行过后数据表内容可能会有变化。在各种数据库的管理工具中,都有书写 SQL 语句区域和执行 SQL 语句的按钮以及显示执行结果的区域。在 Java 的 JDBC 操作中,显然也有对应的功能部分。对于新入门的读者来说,需要能够正确地建立数据库、数据表,能够读写正确的 SQL 语句。有数据库的基础知识更加有利于学习。

JDBC 中,使用 Statement 接口来执行静态的 SQL 语句,Statement 对象由 Connection 对象获得。

  Statement stmt = connection.createStatement();

171

获得 Statement 对象后，可以分别使用 executeUpdate 和 executeQuery 的方法来执行增加、删除、修改和查询语句。

```
String sql = "insert into tb_users(uname)    values    ('tom')";
int r = stmt.executeUpdate(sql);
```

其中 r 表示 sql 变量所代表的 SQL 语句执行过后，数据表中改变的记录数量。

或者

```
String sql = "select userid,uname from tb_users";
ResultSetrs = stmt.executeQuery(sql);
```

其中 rs 表示数据表返回的查询结果集对象。

8.2.4 处理数据集

根据面向对象的程序设计思想，数据库管理系统(DBMS)在执行一条查询语句之后，一定会在内存中形成一张类似于二维表的查询结果，即便是没有查询到任何数据，空的表结构也依然存在，并且查询结果的字段和数据一定是数据表的全部或者一部分。例如执行上节的查询语句 "select userid,uname from tb_users"，原始数据表及查询的结果如图 8-14 所示。

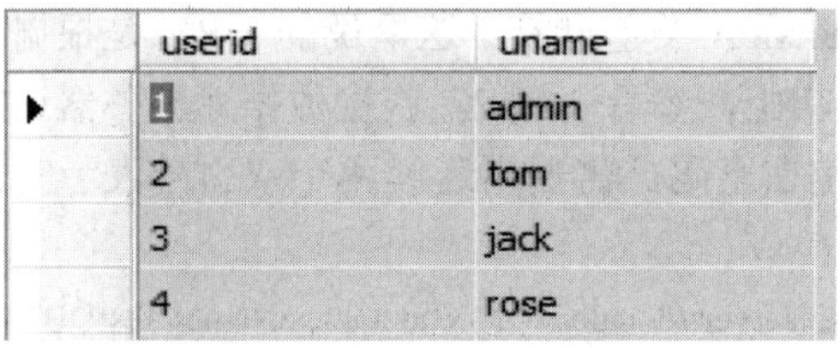

userid	uname
1	admin
2	tom
3	jack
4	rose

图 8-14　数据表查询结果

从图 8-14 中看出，查询结果包含两个字段，分别是 userid 和 uname。数据一共有 4 行。JDBC 技术中的 ResultSet 类型对象对应图中的类似二维表结构的内存区段。ResultSet 类提供了关于结果集处理的相关方法，用于从结果集中提取数据，如图 8-15 所示。

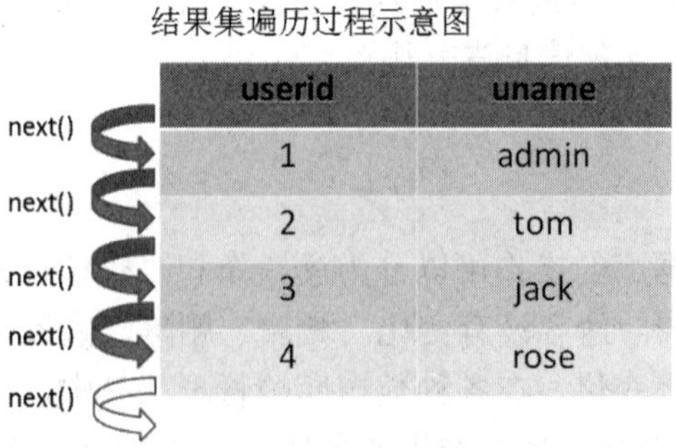

图 8-15　结果集遍历示意图

public Boolean next()方法：顺序方式遍历结果集。当执行查询语句完成，获得结果集对象后，通过 next 方法可以驱动结果集指针依次向下指向每一行记录，并且配合后续方法取得每一行中不同的字段的数据值。当结果集指针跳转到下一行记录并且发现记录不为空时，返回值为 true；当跳转到下一行记录，发现记录为空时，返回值为 false。实际应用中可以利用 next 方法返回值判断结果集是否已经全部遍历完毕，多与 while 循环结构联合使用。

public xxx getXxx("字段名")方法：其中 Xxx 符号可以被不同数据类型替换，本节中以常见数据类型举例，其他复杂类型可以参考 API 文档使用。从图 8-15 中观察，第一次执行 next 方法时，结果集指针指向第一行数据，其中 userid 的数据为 1，SQL 数据类型为 int 型，Java 中对应数据类型也是 int 型，uname 的数据为 admin，SQL 数据类型为 varchar，Java 中对应数据类型是 String 型。使用 getInt("userid")的方法，可以获取到 int 类型的数字 1，使用 getString("uname")的方法，可以获得 String 类型的字符串 admin。依此类推，获取 float 型可以使用 getFloat("字段名")，获取 double 可以使用 getDouble("字段名")的方法。此类方法的选用一定根据数据表中对应字段的数据类型选用，例如数据表的字段存储的是汉字，一定不能用 getInt 的方法来获取，否则会出现异常。

通过下面的代码块可以看到查询并处理结果集，获取每行中每个字段的记录的值。

```
//书写查询的 SQL 语句
String SQL = "SELECT userid,uname FROM tb_users";
//获得 Statement 对象
Statement stmt = con.createStatement();
//获得查询结果集
ResultSetrs = stmt.executeQuery(SQL);
//遍历结果集
while (rs.next()) {
    //取出每一行中两个字段的数据值
    System.out.println(rs.getInt("userid") + " " + rs.getString("uname"));
}
```

8.2.5 更新数据库操作

更新数据库的操作由数据的插入(insert)、删除(delete)和修改(update)构成，这三种操作都会修改数据库的数据文件，可以理解为数据库写入操作。以对数据表 tb_users 的插入操作为例，书写 SQL 语句的基本功依旧是需要重点掌握的技能。固定值的 SQL 语句为：

insert into tb_users(uname) values ('lilei')

其中 uname 为需要插入值的字段，'lilei' 是对应的数据值，两个单引号是 SQL 语句中字符串类型的标识。SQL 语句的书写难点在于既要符合 Java 语言的语法规则，也要符合 SQL 语言的语法规则。具体操作代码如下：

```
//书写插入的 SQL 语句
String SQL = "insert into tb_users(uname) values ('lilei')";
//获得 Statement 对象
stmt = con.createStatement();
//获得执行结果
int result = stmt.executeUpdate(SQL);
```

```
//处理结果
if(result > 0)
{
    System.out.println("操作成功，影响" + result + "行记录");
}
```

观察上面的代码，我们能够发现与执行查询语句相比，数据库修改操作需要使用到 Statement 接口的 executeUpdate 方法，这个方法只用于执行 insert、update、delete 语句，而 executeQuery 方法只用于执行 select 操作，掌握这两种方法可以完成对数据库的读写操作。执行修改语句后得到的 int 型返回值表示本次操作对数据表操作所影响的行数，最小值为 0，也就是没有造成任何一行数据的修改。示例中的 SQL 语句是固定值，但是在实际开发中，SQL 语句中的数据值多数情况下是通过变量赋值的，后续章节中将介绍 SQL 语句的构建技巧。

8.2.6 断开与数据库的连接

JDBC 作为 Java 语言操作数据库的重要方法，使用时必须同时考虑到数据库系统本身的性能和稳定性。数据库服务器能够接受的最大连接数是固定的，超过这个连接数量，其他任何客户端将无法连入服务器进行数据处理，所以作为程序编写者，在程序完成对数据库的操作后，必须要关闭数据库，释放连接资源。关闭数据库的步骤一般按照最先创建的最后关闭的顺序来完成，对象的创建顺序一般是 Connection、Statement、ResultSet，所以关闭顺序就是 ResultSet、Statement、Connection。无论数据库操作执行成功与否，都不能一直占用数据库连接，所以关闭数据库操作多数与 finally 块联合使用。具体代码如下：

```
finally {
    //关闭 ResultSet
    if (rs != null)
    try {
        rs.close();
    } catch (Exception e) {
    }
    //关闭 Statement
    if (stmt != null)
    try {
        stmt.close();
    } catch (Exception e) {
    }
    //关闭 Connnection
    if (con != null)
    try {
        con.close();
```

```
        } catch (Exception e) {
        }
    }
```

8.2.7 应用 JDBC 访问 SQL Server 数据库

前面章节中分别讲解了进行数据库读写操作的方式方法。本节将以完整的代码示例来讲解 JDBC 访问 SQL Server 数据库，还会讲解如何编写并执行带有变量的 SQL 语句。

第一步，导入 java.sql 包。

```
import java.sql.Connection;
import java.sql.DriverManager;
import java.sql.ResultSet;
import java.sql.Statement;
```

第二步，加载驱动。

```
Class.forName("com.microsoft.sqlserver.jdbc.SQLServerDriver");
```

方法参数中的字符串是驱动程序的全限定名，可以在驱动程序文档或者驱动程序 jar 文件中找到。

第三步，创建数据库连接。

```
String connectionUrl = "jdbc:sqlserver://localhost:1433;databaseName=TestDB";
Connection con = DriverManager.getConnection(connectionUrl, "sa", "sasa");
```

创建连接时需要根据不同的数据库系统编写不同的连接 URL，还需要数据库管理员给定的用户名和密码方可完成。不同数据库的 URL 不同，参考驱动程序文档和自带的示例程序即可。

第四步，创建 Statement 对象。

```
Statement stmt = con.createStatement();
```

Statement 对象是用来执行 SQL 语句的工具类对象，创建之前必须确定 Connection 对象已经初始化完毕。

第五步，书写 SQL 语句。

```
String SQL = "insert into tb_users(uname) values ('lilei')";
```

作为基础教学来说，固定值的 SQL 语句是读者必须要掌握的技能，但在实际应用中，这种类型的 SQL 并不多。本次 insert 操作中，为 uname 字段指定了 lilei 的数据值，则本条 SQL 语句仅能够完成固定值的插入，如何能够在 SQL 语句中加入变量?一般的解决方法是将原有 SQL 语句进行拆分后连入变量，再重新组合成完整的 SQL 语句，所用到的技术是 Java 语言字符串的拼接操作，具体原理如图 8-16 所示。

```
String s="lilei";
"insert into tb_users(uname) values ('"+s+"')"
                第一部分           变量 第三部分
```

图 8-16 SQL 语句拼接示意图

用变量 s 表示"lilei"，SQL 语句由三部分拼接而成，第一部分是 SQL 语句的固定部分，第二部分是变量 s，第三部分还是 SQL 语句的固定部分。要特别注意的是第一部分结尾和第三部分开头的单引号，一定不能省略，这种 SQL 语句拼接需要同时满足 Java 中字符串的格式规定和 SQL 语句的语法规定。

第六步，执行 SQL 语句。

```
int r = stmt.executeUpdate(sql)
```

使用 SQL92 标准的数据库一般把 SQL 语句分成 DDL(数据库定义语言)、DML(数据库操作语言)和 DCL(数据库控制语言)。为了防止用户误操作或者恶意攻击对数据库结构的破坏，一般在程序运行时，不允许指定 DLL 语句。因此，我们在学习中就需要培养良好的安全意识，绝对不允许直接使用 Statement 接口对象的 execute()方法来执行 SQL 语句，因为 execute()方法可以执行任何符合 SQL 语法规则的 SQL 命令，包括删除数据库。

针对查询语句和增加、删除、修改语句，要使用不同方法。执行查询语句时返回值为 ResultSet 型，需要遍历后取值。执行增加、删除、修改语句时，返回值为 int 型，代表本次操作所影响的行数，如果行数不为 0，则视为有效操作。

第七步，处理执行结果。

对于查询语句所得的 ResultSet 结果集对象，可以直接返回使用，或者可以通过面向对象的封装方式将结果转存到集合中。

对于增加、删除、修改所得的 int 型值，可以直接返回使用。

本例中所获得的运行结果，直接用于显示。

```
//获得执行结果
int result = stmt.executeUpdate(SQL);
//处理结果
if(result>0)
{
    System.out.println("操作成功，影响" + result + "行记录");
}
```

第八步，关闭数据库连接。

关闭数据库连接遵循的原则是先开后关，对象之间的创建顺序和依赖关系是 Statement 对象来自 Connection 对象，ResultSet 对象来自 Statement 对象，所以关闭时先关闭 ResultSet 对象，最后关闭 Connection 对象，关闭前务必判断对象是否为空，否则会产生空指针异常。

下面附上完整代码，读者可以参考。

```
//导入相关类
import java.sql.Connection;
import java.sql.DriverManager;
import java.sql.ResultSet;
import java.sql.Statement;
public class JDBC_Test2 {
    public static void main(String[] args) {
```

```java
//数据库连接 URL
String connectionUrl = "jdbc:sqlserver://localhost:1433;databaseName=TestDB";
//声明相关对象
Connection con = null;
Statement stmt = null;
ResultSet rs = null;
try {
    //加载驱动程序
    Class.forName("com.microsoft.sqlserver.jdbc.SQLServerDriver");
    //获得数据库连接
    con = DriverManager.getConnection(connectionUrl, "sa", "sasa");
    //验证连接是否成功
    System.out.println(con);
    //获得 Statement 对象
    stmt = con.createStatement();
    //书写插入的 SQL 语句
    String SQL = "insert into tb_users(uname) values ('lilei')";
    //获得执行结果
    int result = stmt.executeUpdate(SQL);
    //处理结果
    if(result > 0)
    {
        System.out.println("操作成功，影响" + result + "行记录");
    }
} catch (Exception e) {
    e.printStackTrace();
}
//关闭连接
finally {
    if (rs != null)
    try {
        rs.close();
    } catch (Exception e) {
        e.printStackTrace();
        System.out.println("ResultSet 关闭异常");
    }
    if (stmt != null)
    try {
        stmt.close();
```

```
        } catch (Exception e) {
            e.printStackTrace();
            System.out.println("Statement 关闭异常");
        }
        if (con != null)
        try {
            con.close();
        } catch (Exception e) {
            e.printStackTrace();
            System.out.println("Conection 关闭异常");
        }
    }
}
```

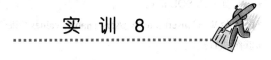

Java 的数据库编程基础 1

本章的实训内容，以学生管理系统的管理员注册和登录功能为例，并且对数据库连接功能进行了优化。业务流程如图 8-17 所示。

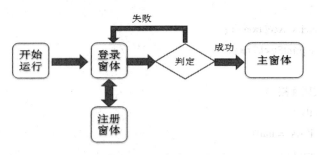

图 8-17 业务流程图

在开始实训前，应确定所用数据表 tb_admin 结构，如图 8-18 所示。图中：admin_id 为主键，编号自动增加；admin_name 为管理员登录账号；admin_pswd 为管理员登录密码。

列名	数据类型	允许 Null 值
admin_id	int	☐
admin_name	varchar(50)	☐
admin_pswd	varchar(50)	☐

图 8-18 数据结构表

实现功能：

起始运行界面如图 8-19 所示，界面中放置"注册"和"登录"两个按钮，单击任何一个按钮，打开对应功能的窗体，当前窗体关闭。

图 8-19 起始界面运行效果图

参考代码：

```java
public class StartFrame extends JFrame implements ActionListener {
    private Container container;
    private JButton reg;
    private JButton login;
    public StartFrame() {
        container = this.getContentPane();
        container.setLayout(new FlowLayout());
        reg = new JButton("注册");
        reg.setPreferredSize(new Dimension(120, 80));
        reg.addActionListener(this);
        login = new JButton("登录");
        login.setPreferredSize(new Dimension(120, 80));
        login.addActionListener(this);
        container.add(reg);
        container.add(login);
        this.setBounds(200, 200, 400, 300);
        this.setDefaultCloseOperation(JFrame.EXIT_ON_CLOSE);
        this.setVisible(true);
    }
    public static void main(String[] args) {
        new StartFrame();
    }
    public void actionPerformed(ActionEvent e) {
        if(e.getSource() == reg)
        {
            new RegFrame();
            this.dispose();
        }
```

```
        if(e.getSource() == login)
        {
            new LoginFrame();
            this.dispose();
        }
    }
}
```

Java 的数据库编程基础 2

实现功能：

(1) 注册界面，用户按照要求输入用户名、密码和重复密码，单击"注册"按钮，将用户名和密码的数据添加到数据表中，并且提示注册完成。

(2) 注册之前需要对数据完整性进行验证，其中所有文本框都必须填写，并且密码和重复密码必须相同，否则会弹出提示对话框。

运行结果：

运行结果如图 8-20、图 8-21、图 8-22 所示。

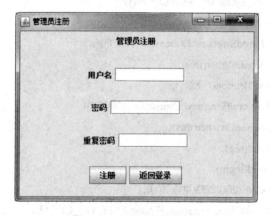

图 8-20 注册界面效果图

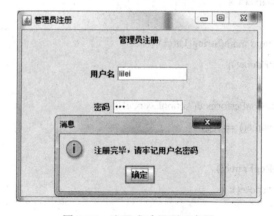

图 8-21 注册成功界面示意图

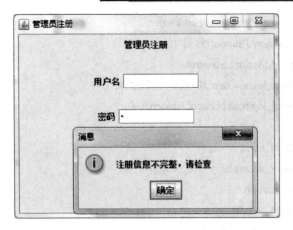

图 8-22 信息不完整提示界面示意图

参考代码：

```
public class RegFrame extends JFrame implements ActionListener {
    private Container container;
    private JPanel jp1, jp2, jp3, jp4, jp5;
    private JButton btn_reg, btn_return_login;
    private JTextField uname;
    private JPasswordField pswd;
    private JPasswordField repswd;
    private JLabel lbl_title, lbl_uname, lbl_pswd, lbl_repswd;

    public RegFrame() {
        container = this.getContentPane();
        container.setLayout(new GridLayout(5, 1));

        jp1 = new JPanel();
        jp2 = new JPanel();
        jp3 = new JPanel();
        jp4 = new JPanel();
        jp5 = new JPanel();

        lbl_title = new JLabel("管理员注册");
        lbl_uname = new JLabel("用户名");
        lbl_pswd = new JLabel("密码");
        lbl_repswd = new JLabel("重复密码");

        uname = new JTextField(10);
        pswd = new JPasswordField(10);
```

```java
        repswd = new JPasswordField(10);
        btn_reg = new JButton("注册");
        btn_reg.addActionListener(this);
        btn_return_login = new JButton("返回登录");
        btn_return_login.addActionListener(this);

        jp1.add(lbl_title);
        jp2.add(lbl_uname);
        jp2.add(uname);
        jp3.add(lbl_pswd);
        jp3.add(pswd);
        jp4.add(lbl_repswd);
        jp4.add(repswd);
        jp5.add(btn_reg);
        jp5.add(btn_return_login);

        container.add(jp1);
        container.add(jp2);
        container.add(jp3);
        container.add(jp4);
        container.add(jp5);

        this.setTitle("管理员注册");
        this.setDefaultCloseOperation(JFrame.EXIT_ON_CLOSE);
        this.setBounds(200, 200, 400, 300);
        this.setVisible(true);

    }

    public void actionPerformed(ActionEvent e) {
        if (e.getSource() == btn_return_login)
        {
            this.dispose();
            new LoginFrame();
        }
        if (e.getSource() == btn_reg)
        {
            String uname_txt = uname.getText();
            String pswd_txt = new String(pswd.getPassword());
```

```java
        String repswd_txt = new String(repswd.getPassword());
        if (uname_txt.equals("") || pswd_txt.equals("") || repswd_txt.equals(""))
        {
            JOptionPane.showMessageDialog(this, "注册信息不完整，请检查");
        } else {
            if (!pswd_txt.equals(repswd_txt))
            {
                JOptionPane.showMessageDialog(this, "密码两次输入不一致");
            } else {
                int result=adminReg(uname_txt, pswd_txt);
                if(result==1)
                {
                    JOptionPane.showMessageDialog(this, "注册完毕，请牢记用户名密码");
                    uname.setText("");
                    pswd.setText("");
                    repswd.setText("");
                }else
                {
                    JOptionPane.showMessageDialog(this, "添加失败，请联系管理员");
                }
            }
        }
    }
}

/**
 * 完成管理员用户添加进入数据库
 *
 * @param uname
 * @param pswd
 * @return
 */
public int adminReg(String uname, String pswd) {
    int result = -1;
    String driverClass = "com.microsoft.sqlserver.jdbc.SQLServerDriver";
    String dbUrl = "jdbc:sqlserver://localhost:1433; databaseName=TestDB";
    Connection connection = null;
    Statement stmt = null;
    try {
```

```java
        Class.forName(driverClass);
        connection = DriverManager.getConnection(dbUrl, "sa", "sasa");
        stmt = connection.createStatement();
        String sql = "insert into tb_admin(admin_name, admin_pswd) values ('" + uname
                + "','" + pswd + "')";
            result = stmt.executeUpdate(sql);
        } catch (ClassNotFoundException e)
        {
            e.printStackTrace();
        } catch (SQLException e)
        {
            e.printStackTrace();
        }
        finally {
            if (stmt != null)
            try {
                    stmt.close();
            } catch (Exception e)
            {
            }
            if (connection != null)
            try {
                connection.close();
            } catch (Exception e) {
            }
        }
        return result;
    }
    public static void main(String[] args) {
        new RegFrame();
    }
}
```

Java 的数据库编程基础 3

实现功能：

登录界面如图 8-23 所示，需要输入正确的用户名和密码完成登录，如果输入信息不完整，则需要验证并且提示，如图 8-24 所示。如果用户名和密码匹配，提示登录成功，否则提示登录失败，如图 8-25 所示。

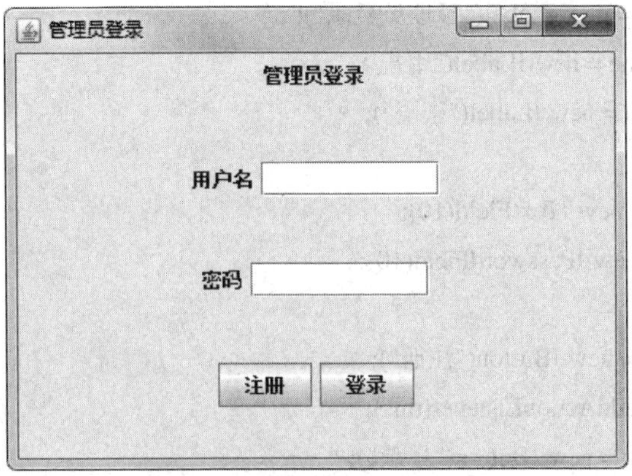

图 8-23　登录界面效果图

图 8-24　登录信息提示图

图 8-25　登录成果效果图

参考代码：

```
public class LoginFrame extends JFrame implements ActionListener {
    private Container container;
    private JPanel jp1, jp2, jp3, jp4;
    private JButton btn_reg, btn_login;
    private JTextField uname;
    private JPasswordField pswd;
    private JLabel lbl_title, lbl_uname, lbl_pswd;
    public LoginFrame() {
        container = this.getContentPane();
        container.setLayout(new GridLayout(4, 1));

        jp1 = new JPanel();
        jp2 = new JPanel();
        jp3 = new JPanel();
        jp4 = new JPanel();
```

```java
        lbl_title = new JLabel("管理员登录");
        lbl_uname = new JLabel("用户名");
        lbl_pswd = new JLabel("密码");

        uname = new JTextField(10);
        pswd = new JPasswordField(10);

        btn_reg = new JButton("注册");
        btn_reg.addActionListener(this);
        btn_login = new JButton("登录");
        btn_login.addActionListener(this);
        jp1.add(lbl_title);
        jp2.add(lbl_uname);
        jp2.add(uname);
        jp3.add(lbl_pswd);
        jp3.add(pswd);
        jp4.add(btn_reg);
        jp4.add(btn_login);

        container.add(jp1);
        container.add(jp2);
        container.add(jp3);
        container.add(jp4);

        this.setTitle("管理员登录");
        this.setDefaultCloseOperation(JFrame.EXIT_ON_CLOSE);
        this.setBounds(200, 200, 400, 300);
        this.setVisible(true);
    }
    public void actionPerformed(ActionEvent e) {
        if(e.getSource() == btn_reg)
        {
            this.dispose();
            new RegFrame();
        }
        if(e.getSource()==btn_login)
        {
            String uname_txt = uname.getText();
            String pswd_txt = new String(pswd.getPassword());
```

```java
        if (uname_txt.equals("") || pswd_txt.equals("")) {
            JOptionPane.showMessageDialog(this, "登录信息不完整，请检查");
        } else {
            int result = adminLogin(uname_txt, pswd_txt);
            switch (result) {
                case 0:
                    JOptionPane.showMessageDialog(this, "数据访问异常");
                    break;
                case 1:
                    JOptionPane.showMessageDialog(this, "登录成功");
                    break;
                case -1:
                    JOptionPane.showMessageDialog(this, "密码错误");
                    break;
                case -2:
                    JOptionPane.showMessageDialog(this, "不存在当前用户");
                    break;
            }
        }
    }
}

public int adminLogin(String uname_txt, String pswd_txt) {
    String driverClass = "com.microsoft.sqlserver.jdbc.SQLServerDriver";
    String dbUrl = "jdbc:sqlserver://localhost:1433; databaseName = TestDB";
    Connection connection = null;
    Statement stmt = null;
    int result = 0;
    ResultSet rs = null;
    try {
        Class.forName(driverClass);
        connection = DriverManager.getConnection(dbUrl, "sa", "sasa");
        stmt = connection.createStatement();
        String sql = "select admin_pswd from tb_admin where admin_name = '"+uname_txt+"'";
        rs = stmt.executeQuery(sql);
        if(rs.next())
        {
            String pswd = rs.getString("admin_pswd");
            if(pswd.equals(pswd_txt))
```

```
                {
                    result = 1;
                }else
                {
                    result = -1;
                }
            }else{
                result = -2;
            }
        } catch (ClassNotFoundException e) {
            e.printStackTrace();
        } catch (SQLException e) {
            e.printStackTrace();
        }
        finally {
            if (rs != null)
                try {
                    rs.close();
                } catch (Exception e) {
                }
            if (stmt != null)
                try {
                    stmt.close();
                } catch (Exception e)
                {
                }
            if (connection != null)
                try {
                    connection.close();
                } catch (Exception e)
                {
                }
        }
        return result;
    }
    public static void main(String[] args) {
        new LoginFrame();
    }
}
```

习题 8

一、选择题(可多选)

1. JDBC 驱动程序有(　　)。
   A．两种　　　B．三种　　　C．四种　　　D．五种
2. 下列(　　)不是 JDBC 用到的接口和类。
   A．System　　B．Class　　C．Connection　　D．ResultSet
3. 下列描述错误的是(　　)。
   A．Statement 的 executeQuery()方法会返回一个结果集
   B．Statement 的 executeUpdate 方法会返回是否更新成功的 boolean 值
   C．使用 ResultSet 接口的 getString()方法可以获得表中数据类型为 char 的字段值
   D．ResultSet 接口中的 next()方法会使结果集中的下一行成为当前行
4. 在 JDBC 编程中，执行完 SQL 语句"select name,rank,serialNo from employee"，能得到 rs 的第一列数据的两个代码是(　　)。
   A．rs.getString(0);　　　　　　　B．rs.getString("name");
   C．rs.getString(1);　　　　　　　D．rs.getString("ename");
5. 使用 Connection 的(　　)方法可以建立一个 PreparedStatement 接口。
   A．createPrepareStatement()　　　B．prepareStatement();
   C．createPreparedStatement();　　D．preparedStatement()

二、简答题

1. 简述 JDBC 操作的基本步骤。
2. 列表对比 Java 数据类型与 SQL 数据类型。(至少 8 种)
3. 简述 ResultSet 的 next 方法的工作流程。

三、编程题

1. 分别使用固定 SQL 语句和预编译 SQL 语句两种方式完成实训中的用户注册功能。
2. 编写一个通用性很强的 JDBC 工具类。

第 9 章　Java 中的文件操作

教学目标

(1) 理解输入/输出流的概念；
(2) 理解字节流与字符流的概念；
(3) 掌握 Java 文件管理的方法；
(4) 掌握文件字节流相关类的使用方法；
(5) 掌握文件字符流相关类的使用方法；
(6) 掌握 Java 中文件处理的方式方法。

9.1　I/O 概述

9.1.1　输入/输出流

在 Java 中，把所有的输入和输出都当作流(stream)来处理。流是按一定的顺序排列的数据集合。例如，从键盘或文件输入的数据，向显示器或者文件输出的数据等都可以看作是一个个的数据流。

输入数据时，一个程序打开数据源上的一个流(文件或内存等)，然后按照顺序输入这个流中的数据，这样的流称为输入流，如图 9-1 上部分所示。

输出数据时，一个程序可以打开一个目的地的流(如文件或内存等)，然后按顺序向这个目的地输出数据，这样的流称为输出流，如图 9-1 下部分所示。

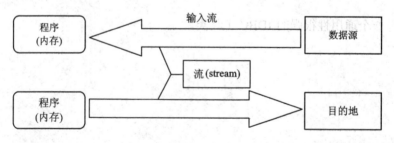

图 9-1　输入与输出流

目前市面上主流的计算机设备，包含 PC、服务器和平板电脑，嵌入式移动设备所使用的都是冯诺依曼体制下的基本结构，也就是说都是程序存储型计算机，所有程序运行时都需要读入内存,因此输入输出流的方向还可以这样理解,他们是以内存为基准的。数据向内存中写入,称为输入流。数据由内存向外输出,称为输出流。因此,我们把数据流向内存的动作称为读取(read),而把从内存流向外设的操作称为写入(write)。

计算机中常见的输入操作有:键盘输入、光盘读取、摄像头拍摄、扫描仪扫描文件、录音等等。常见的输出操作有:扬声器发声、显示器播放影片、光盘刻录、打印机打印输出等等。正确地判断输入与输出对于程序设计过程中所用的类和方法的选择至关重要。

输入/输出流根据处理数据的类型不同,可分为两类:一类是字节流,另一类是字符流。字节流表示按照字节的形式读写数据,字符流表示按照字符的形式读写数据。

9.1.2 字节流

字节是现代计算机中数据的最基本存储单位和传输单位,字节流可以理解为在设备与内存的管道中,数据以一小组的 0 和 1 的形式顺序排列并流动。如图 9-2 所示,箭头所示管道中传输的是以两组 8 位二进制方式编码的数字 97 和 98,一共两个字节。

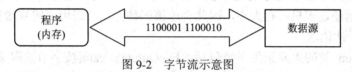

图 9-2 字节流示意图

在 Java 语言中,字节流相关类的表示形式多数以 Stream 结尾表示,我们常用抽象类 InputStream 和 OutputStream 及其派生子类来处理字节流的输入输出。

InputStream 类的主要派生子类包括:FileInputStream(按字节读取文件中的数据)、BufferedInputStream(按字节形式读取数据并保存进入缓冲区)等,其层次结构如下:

InputStream
    ByteArrayInputStream
    FIleInputStream
    FilterInputStream
        BufferedInputStream
        DataInputStream
        LineNumberInputStream
        PushBackInputStream
    ObjectInputStream
    PipedInputStream
    SequenceInputStream
    StringBufferInputStream

在上面各子类中,依据使用情境的不同,决定使用对应的子类来完成。下面介绍下其中最为重要的读取方法:

(1) public abstract int read() throws IOException:每次执行方法时,顺序读取字节输入流中的第一个字节,并以 int 型返回,如果输入流中没有可读取的字节,则返回 –1。这种方法是最基本的读取方法,效率比较低。

(2) public int read(byte b[]) throws IOException：每次执行方法前，需要预先声明并初始化 byte 型数组 b，初始化长度应该以 2 的 N 次方较为合适。方法执行时，从输入流中顺序读取数组 b 默认长度个数的字节存入数组 b 中，返回值为当次读取到的字节个数，如果输入流中没有可读取的字节，则返回 –1。与上一种方法相比，效率有所提高，但存在数组 b 默认长度不好确定的弊端。

(3) public int read(byte b[], int off, int len) throws IOException：每次执行方法前，同样需要预先声明并初始化 byte 型数组 b，初始化长度应该以 2 的 N 次方较为合适。方法执行时，从输入流中顺序读取 len-off 个字节，依次存入数组 b 的第 off 下标开始的位置上，返回值为当次读取到的字节个数，如果输入流中没有可读取的字节，则返回 –1。与上一种方法相比，灵活度最高，效率也有很大提高。

上述三种方法，根据实际需求选择。如果需要按输入流以字节为单位进行分析、加密、解密等操作，考虑使用方法一。如果输入流中包含的字节长度相对较少，一般以 1K 字节为上限，可以考虑一次性读入到长度为 1 K 字节的数组 b 中整体处理，效率较高。如果遇到单个文件的字节数远远超过本机可用内存大小，例如蓝光 DVD 视频文件通常为 21G 左右，远远超过本机内存大小，因此首选第三种方法，采用"蚂蚁搬家"的方法将整个文件分成若干次读取。

OutputStream 类的主要派生子类包括：FileOutoutStream(按字节读取文件中的数据)、BufferedOutoutStream(按字节形式读取数据并保存进入缓冲区)等，其层次结构如下：

OutoutStream
    ByteArrayOutoutStream
    FIleOutoutStream
    FilterOutoutStream
        BufferedOutoutStream
        DataOutoutStream
        PrintStream
    ObjectOutoutStream
    PipedOutoutStream

在上面各子类中，依据使用情境的不同，决定使用对应的子类来完成。下面介绍下其中最为重要的写入方法：

(1) public abstract void write(int b) throws IOException：每次执行方法时，将参数 b 以字节形式写入输出流中，由输出流顺序流向目的地。

(2) public void write(byte b[]) throws IOException：每次执行方法时，将参数数组 b 中的元素，顺序写入输出流中，由输出流顺序流向目的地。实际应用中，这个方法经常需要配合 String 类的 getBytes 方法使用。

(3) public void write(byte b[], int off, int len) throws IOException：每次执行方法时，将数组 b 中，从第 off 下标开始，累计 len 长度为止的元素，写入输出流中，由输出流顺序流向目的地。实际应用中，多数与 InputStream 的第 3 个 read 方法联合使用。

上述三种方法，根据实际需求选择。特别强调方法三，与 InputStream 的 read 方法配合使用，可用于完成大文件的读取、写入以及复制操作。

综上所述，字节流是 Java 中最基本的输入/输出操作，以字节为最基本单位顺序读写。根据不同需求，选用不同方法。字节流的读写更偏重于系统底层的读写方式，从效率上来讲，不及字符流，但从底层各类文件的适用性来讲，要强于其他方式的读写操作，特别是对于不能够以可见字符明文显示的文件来说，优势更为明显。为了提高使用效率，可以通过不同类型之间的互相套用来实现高性能的读写操作。

9.1.3 字符流

字符是现代计算机中字母、符号和数字的集合。字符流可以理解为在设备与内存的管道中，数据以单个字符的形式顺序排列并流动。如图 9-3 所示，箭头所示管道中传输的是以字符方式编码的小写英文字母 a 和 b，一共两个字符。

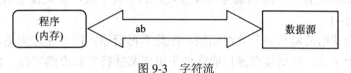

图 9-3　字符流

在 Java 语言中，字符流相关类的表示形式多数以 Reader 或者 Writer 结尾表示，我们常用抽象类 Reader 和 Writer 及其派生子类来处理字符流的输入输出。

字符输入流类 Reader 用于以字符形式，从数据源中读取数据，其主要派生子类包括 InputStreamReader(读取字节数据并将其解码为字符)、FileReader(用于读取字符文件的内容)、BufferedReader(从字符出入流中读取文本字符，缓冲个个字符，从而实现字符、数组和行的高效读取)等。其层次结构如下：

Reader
  BufferedReader
    LineNumberReader
  CharaArrayReader
  FilterReader
    PushBackREader
  InputStreamReader
    FileReader
  PipedReader
  StringReader

经过与字节流相关类的对比不难发现，字符流与字节流的主要区别是流中传输的基本单位发生了变化，如果被读取文件是明文可见的文本类型文件，例如 txt、ini、cfg、bat 等可以直接用记事本工具打开并直接阅读内容的文件，优选使用字符流进行读取操作，这样避免了字节流读取需要先将字符转换为字节，之后再还原为字符的效率浪费。特别强调的是，Word、Excel 和 PowerPoint 这三种类型的文件，虽然可以直接打开并显示其文件内容，但是并不适用于字符流方式读取，文件中包含了没有明文显示的字体、段落等不可见内容，这部分内容不能按照字符处理。

在上面各子类中，依据使用情境的不同，决定使用对应的子类来完成。下面介绍下其中最为重要的读取方法：

（1）public int read() throws IOException：每次执行方法时，从输入流中顺序读取一个字符，返回值为该字符的 Unicode 码值，如果读取结束或没有读取到字符，返回值为 –1。

（2）public int read(char cbuff[]) throws IOException：每次执行方法前，需要预先声明并初始化 char 型数组 cbuff，初始化长度应该以 2 的 N 次方较为合适，方法执行时，从输入流中顺序读取 cbuff 数组长度个字符，按照下标顺序存放到 cbuff 数组中，返回值为当次读取到的字符个数，如果读取结束或没有读取到字符，返回值为 –1。

（3）abstract public int read(char cbuff[], int off, int len) throws IOException：每次执行方法前，需要预先声明并初始化 char 型数组 cbuff，初始化长度应该以 2 的 N 次方较为合适，方法执行时，从输入流中，顺序读取 len-off 个长度的字符，顺次存放于 cbuff 数组的第 off 下标开始的位置上，返回值为当次读取到的字符个数，如果读取结束或没有读取到字符，返回值为–1。

上述方法的使用情境与字节数组相同，在此不再赘述。需要注意的是，Java 语言的字符型长度为两个字节，如果读取操作的文件中出现某些特殊长度的字符，例如长度为 3 的字符以及半角符号，读取后显示在控制台中则会出现乱码，但不影响读取后写入其他输出流中。

字符输出流 Writer 用于以字符的形式将数据写入目的地。Writer 类是所有字符输出流的父类，其主要派生子类包括 OutputStreamWriter(将字符以字节形式写入输出流)、FileWriter(将字符数据写入文件)、BufferedWriter(将字符数据写入缓冲区)、PrintWriter(格式化输出字符数据)等子类。其层次结构如下：

  Writer
    BufferedWriter
    CharArrayWriter
    FilterWriter
    OutputStreamWriter
      FileWriter
    PipedWriter
    PringWriter
    StringWriter

在上面各子类中，依据使用情境的不同，决定使用对应的子类来完成，常见三种方法请自行对照字符输入流常见方法自行学习。下面介绍下其中新增的典型方法：

（1）public void write(String str) throws IOException：每次执行方法时，将指定字符串直接写入输出流。

（2）public void write(String str, int off, int len) throws IOException：每次执行方法时，将执行字符串从第 off 位置起，长度为 len 的字符串写入到输出流。

经过上面内容的对比，我们不难发现，无论是字节流还是字符流，无论是输入操作还是输出操作，其操作方式基本上可以归纳为如下步骤：

（1）分清方向，找准目标，决定读取操作还是写入操作。

（2）根据读写的目标，确定所用的类。

(3) 根据所选择的类，结合计算机内存和 Java 虚拟机内存的可用情况，在逐个读写、整体一次性读写或小范围多次读写之间选择合适的读写方法重载。

(4) 根据读取方法返回值为–1 的情况，决定操作何时停止。

Java 的输入输出流之间可以通过套用，提高读写的效率，以输入流的套用方式为例，参看图 9-4 来形成 I/O 流套用的初步印象，具体代码操作在后续章节中会详细介绍。

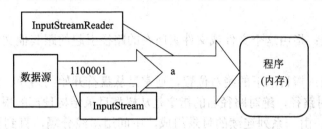

图 9-4　字节输入流与字符输入流套用示意图

9.2　文件管理

9.2.1　文件的概念

广义的"文件"指公文书信或指有关政策、理论等方面的文章。文件的范畴很广泛，电脑上运行的如杀毒、游戏等软件或程序都可以叫文件。计算机文件属于文件的一种，与普通文件载体不同，计算机文件是以计算机硬盘为载体存储在计算机上的信息集合。文件可以是文本文档、图片、程序等等。在不同的操作系统中，计算机文件的范围所指也有不同。例如，微软的 Windows 系统中，文件特指单独意义上的单体文件，而文件目录也就是文件夹另外的叫法，而在 Linux/UNIX 系统中，单体文件和文件夹(包括目录、软连接、硬连接等)都被统一地认为是文件，嵌入式操作系统中，大部分的硬件的 I/O 端口同样也被认为是文件。

Java 语言作为可以跨平台运行的语言，必须全面考虑到各操作系统平台对于文件的操作。因此，在 Java 语言中，文件、文件夹、软连接、硬连接、快捷方式、硬件 I/O 端口都按照文件统一对待。本书中以 Windows 平台为例。

9.2.2　File 类

在 Java 中，File 类既可以表示文件，又可以表示文件夹(目录)，其位于 java.io 包下。Java 中用于输入输出操作的类基本都位于这个包下。一个 File 类型的对象可以表示 Java 语言中的一个文件或文件夹。

1. 构造方法

(1) File(String pathname)：通过给定路径创建一个新的 File 类对象。

(2) File(String parent,String child)：通过给定的文件夹目录和文件名创建一个新的 File 类对象。

(3) File(File parent,String child)：通过给定的文件对象和文件名创建一个新的 File 类对象。

根据面向对象的编程思想，现实中有一个客观存在的实体，程序中就可以用一块内存中的数据代码来表示。计算机硬盘中存在一个目录或单体文件，我们就可以在 Javaz 中通过其准确的路径对其进行表示，用于后续操作。下面我们再来介绍一下计算机中的路径。

2．路径

(1) 相对路径：指由这个文件或文件夹所在的路径引起的跟其他文件或文件夹的路径关系。

(2) 绝对路径：指目录下的绝对位置，通常是从盘符开始的路径。完整地描述文件位置的路径就是绝对路径，绝对路径名的指定是从树型目录结构顶部的根目录开始到某个目录或文件的路径，由一系列连续的目录组成，中间用斜线分隔，直到要指定的目录或文件，路径中的最后一个名称即为要指向的目录或文件。之所以称为绝对，意指当任何文件需要引用同一个文件时，所使用的路径都是一样的。

(3) 路径分隔符：常见的路径分隔符号的汉语叫法为"斜线"或者"斜杠"，键盘键位表示为："/"或者"\"。在 Windows 系统出现之前，DOS 系统和 UNIX 系统中，关于目录的分隔符只有 "/" 一种，当时的 102 键键盘中，也只有 "/" 一个键位，自 Windows3.X 系统发布以后，104 键的键盘中就出现了两种斜杠。早期的计算机教程中，对于两种斜杠的称呼也有不同，而 2000 年以后的计算机教程中，已经规范，我们约定，将 "\" 叫做斜杠，将 "/" 称为反斜杠。在 Linux 系统中，仅可以使用反斜杠，在 Windows 系统中，仅可以使用斜杠。在 Java 语言中，两种斜杠均可以使用，但需要注意的是，Windows 系统中如果使用 "\" 符号，则需要使用其转义字符形式 "\\"。在 Linux 系统中，仅可以使用 "/"，其他斜杠无效。例如表示 C 盘下的 a.txt 文件，这样两种方法都可以使用："c:/a.txt"，"c:\\a.txt"。

9.2.3 File 类的常用方法

File 类的使用方法如下：

(1) public String getName()：返回文件对象的 XXXXXXX。

(2) public String getPath()：返回文件对象所在路径名。

(3) public String getAbsolutePath ()：返回文件对象的绝对路径名。

(4) public String getParent()：返回文件对象所在父目录路径。如果文件对象没有父目录，则返回 null。

(5) public boolean exists()：判断文件对象所表示的文件或文件夹是否存在，存在返回 true，不存在返回 false。

(6) public boolean isDirectory()：判断文件对象所表示的是否为目录(文件夹)，如果是返回 true，否则返回 false。

(7) public boolean isFile()：判断文件对象所表示的是否为一个标准文件，如果是返回 true，否则返回 false。

(8) public boolean isHidden()：判断文件对象是否是一个隐藏文件，如果是返回 true，否则返回 false。文件属性可以通过鼠标右击文件查看。

(9) public boolean createNewFile()：当且仅当文件对象所代表的标准文件不存在时，创建一个空文件，如果创建成功返回 true，否则返回 false。

(10) public boolean mkdir()：创建文件对象所指向的文件夹，如果路径中包含多层文件夹，必须保证所有路径都是正确的。如果创建成功返回 true，否则返回 false。

(11) public boolean delete()：删除文件对象所对应的文件或目录，如果文件对象代表的是一个目录，则目录必须是空的才能删除。在 Linux 系统下，必须保证对当前文件或文件夹有删除权限才能执行。如果删除成功返回 true，否则返回 false。

(12) public String[] list()：列出此文件对象中所包含的文件或文件夹列表，如果文件对象表示一个独立文件，则返回 null。

【例 9-1】 通过 File 类对象，创建一个独立文件，创建一个独立文件夹，分别获得其名称、路径，分别判断是文件还是文件夹，最后将其删除。

```java
package p10_2;
import java.io.File;
import java.io.IOException;
public class C10_1 {

    public static void main(String[] args) {
        String filepath = "d:/a.txt";           //文件存储路径
        String dirpath = "d:/c10";              //目录路径
        File file = new File(filepath);         //实例化文件对象 file
        File dir = new File(dirpath);           //实例化文件夹对象 dir
        try {
            boolean boo1 = file.createNewFile();  //硬盘中创建独立文件
            boolean boo2 = dir.mkdirs();          //硬盘中创建空文件夹
            if (boo1 && boo2) {
                System.out.println("文件和文件夹创建成功");
            } else {
                System.out.println("文件或文件夹创建失败");
            }
            //获取文件名和路径
            System.out.println("file 对象的名称是" + file.getName());
            System.out.println("file 对象的存放路径是" + file.getPath());
            System.out.println("dir 对象的名称是" + dir.getName());
            System.out.println("dir 对象的存放路径是" + dir.getPath());
            //判断文件是独立文件还是文件夹
            if (file.isFile()) {
                System.out.println(file.getName() + "是独立文件");
            } else {
                System.out.println(file.getName() + "是目录");
```

```java
            if (dir.isDirectory()) {
                System.out.println(dir.getName() + "是目录");
            } else {
                System.out.println(dir.getName() + "是独立文件");
            }
            //判断文件是否存在，删除文件
            if (file.exists()) {
                boolean boo3 = file.delete();
                if (boo3) {
                    System.out.println("file 文件删除成功");
                }
            } else {
                System.out.println("文件不存在");
            }
            //判断目录是否存在，删除目录
            if (dir.exists()) {
                boolean boo4 = dir.delete();
                if (boo4) {
                    System.out.println("dir 目录删除成功");
                }
            } else {
                System.out.println("目录不存在");
            }
        } catch (IOException e)
        {
            // TODO Auto-generated catch block
            e.printStackTrace();
        }
    }
}
```

运行结果如下：

    文件和文件夹创建成功
    file 对象的名称是 a.txt
    file 对象的存放路径是 d:\a.txt
    dir 对象的名称是 c10
    dir 对象的存放路径是 d:\c10
    a.txt 是独立文件
    c10 是目录

file 文件删除成功

dir 目录删除成功

【例 9-2】 通过键盘输入文件路径和文件名，在指定路径下创建文件，并返回其常见属性。

```java
package p10_2;
import java.io.File;
import java.io.IOException;
import java.util.Scanner;
public class C10_2 {
    public static void main(String[] args) {
        System.out.println("请输入独立文件名，以回车结束，请注意斜杠");
        Scanner scanner = new Scanner(System.in);
        String filename = scanner.next();
        File file = new File(filename);
        if(file.exists())
        {
            System.out.println("文件存在，无需创建");
        }else
        {
            try {
                boolean boo = file.createNewFile();
                if(boo)
                {
                    System.out.println("文件名：" + file.getName());
                    System.out.println("文件路径：" + file.getParent());
                    System.out.println("文件大小：" + file.length() + "个字节");
                    System.out.println("是否隐藏：" + (file.isHidden()?"是":"否"));
                    System.out.println("是否可写入：" + (file.canWrite()?"是":"否"));
                    System.out.println("是否可执行：" + (file.canExecute()?"是":"否"));
                }else
                {
                    System.out.println("文件创建失败");
                }
            } catch (IOException e)
            {
                // TODO Auto-generated catch block
                System.out.println("文件创建异常，请检查路径和权限");
                e.printStackTrace();
            }
```

              }
         }
    }
运行结果如下：
    请输入独立文件名，以回车结束，请注意斜杠
    c:/b.txt
    文件名：b.txt
    文件路径：c:\
    文件大小：0 个字节
    是否隐藏：否
    是否可写入：是
    是否可执行：是

9.3 文件字节流

在程序运行过程中，经常需要从文件中读取、写入数据。在 Java 中，系统提供了 FileInputStream 和 FileOutputStream 类，以字节形式从文件中读取和写入数据。文件字节输入/输出流实现了对文件的顺序访问，并且以字节为单位进行读/写操作。

在 Java 中，对文件的读/写操作主要步骤是：
(1) 创建文件输入/输出流对象，此时文件自动打开或创建。
(2) 用文件读写方法读写数据。
(3) 关闭数据流，同时关闭文件。

9.3.1 FileInputStream 类

FileInputStream 类的构造方法如下：
(1) FileInputStream(String filename)。
(2) FileInputStream(File file)。
其中，filename 表示要打开的文件名，file 对象表示要打开的文件对象。
    FileInputStream ins = new FileInputStream("d:/test.txt");
如果 d 盘下的 test.txt 文件不存在或没有权限访问，系统会抛出 FileNotFoundException 异常。

字节流类读取文件常用的方法已经在之前章节叙述过，现在再来系统地分析下。根据读取的目标文件的特点，以及计算机本身配置情况，具体建议如下：
(1) 如果需要读取的文件比较小，并且文件不能够直接打开明文显示，为保证读取内容的完整以及后续的校验方法，可以采取逐个字节读取的方法。
(2) 如果需要读取的文件大小适中，并且对于读取速度要求较高，可以选择一次性全部读取缓存数组的方法。

(3) 如果需要读取的文件很大，一般来说要超过 JVM 的可用内存大小，此时就需要采用"少量多次，蚂蚁搬家"的方法。

图 9-5 中展示了三种不同方法。我们将在后续实例章节中结合代码进行讲解。

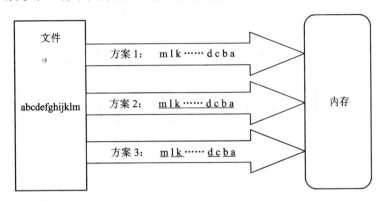

图 9-5　FileInputStream 读取方法示意图

9.3.2　FileOutputStream 类

FileOutputStream 类的构造方法如下：

(1) FileOutputStream(String filename)。

(2) FileOutputStream(File file)。

(3) FileOutputStream(String filename,boolean boo)。

(4) FileOutputStream(File file,boolean boo)。

其中 filename 参数和 file 参数的含义与 FileInputStream 相同。其中 boolean 型参数 boo 表示是否可以向文件中追加写入字节，默认值为 false。如果 boo 的值为 true，则每次写入内容会自动追加在文件中已有内容之后，否则将从文件开头开始写入，文件原有内容将被清空。

　　　　　FileOutputStream fos=new FileOutputStream("d:/test.txt",true);

FileOutputStream 的构造方法还可以创建目标文件，代码执行过后，在 d 盘下，就会出现名为 test.txt 的独立文件，fos 对象可以以追加的方法向文件中写入内容。

与 FileInputStream 类似，FileOutputStream 类的写入方法也有如下三种常见使用方法：

(1) 如果需要写入的文件比较小，并且文件不能够以明文显示，为保证写入内容的完整以及后续的校验方法，可以采取逐个字节写入的方法。

(2) 如果需要写入的文件大小适中，并且对于写入速度要求较高，可以选择一次性全部写入的方法。

(3) 如果需要写入的文件很大，一般来说要超过 JVM 的可用内存大小，此时就需要采用"少量多次，蚂蚁搬家"的方法。

具体方法可对照参考图 9-5。

9.3.3 FileInputStream 和 FileOutputStream 的实例

本小节将以代码实例分别讲解 FileInputStream 和 FileOutputStream 类的使用。

【例 9-3】 使用三种方法读取硬盘文件 d:/a.txt，并将内容打印到控制台上。硬盘中文件内容如图 9-6 所示。

图 9-6 硬盘文件内容

方法 1：逐字节读取。

```java
public class C10_31 {
    public static void main(String[] args) {
        String filename = "d:/a.txt";                  //文件路径
        try {
            FileInputStream fis = new FileInputStream(filename); //创建文件输入流对象
            int ch = 0;                                //设置缓存变量
            while((ch = fis.read()) != -1)             //循环顺序读取，返回值 -1 停止，每次读取到
                                                       //内容复制给 ch
            {
                System.out.print((char)ch);            //将 ch 转化成 char 并输出
            }
        } catch (FileNotFoundException e) {
            // TODO Auto-generated catch block
            e.printStackTrace();
        } catch (IOException e) {
            // TODO Auto-generated catch block
            e.printStackTrace();
        }
    }
}
```

方法 2：一次性全部读取。

```java
public class C10_32 {
    public static void main(String[] args) {
        String filename = "d:/a.txt"; //文件路径
        try {
            FileInputStream fis = new FileInputStream(filename); //创建文件输入流对象
```

```java
                byte b[] = newbyte[fis.available()];    //设置缓存数组，长度与文件字节数相同
                fis.read(b);                             //一次性全部读入
                for(byte bb:b)                           //遍历数组显示内容
                {
                    System.out.print((char)bb);
                }
            } catch (FileNotFoundException e) {
                // TODO Auto-generated catch block
                e.printStackTrace();
            } catch (IOException e) {
                // TODO Auto-generated catch block
                e.printStackTrace();
            }
        }
    }
```

方法 3：缓存数组多次读取。

```java
    public class C10_33 {
        public static void main(String[] args) {
            String filename = "d:/a.txt";                //文件路径
            try {
                FileInputStream fis = new FileInputStream(filename); //创建文件输入流对象
                byte b[] = new byte[2];                  //设置缓存数组，长度
                int len = -1;                            //设置每次读取计数器
                while((len = fis.read(b, 0, b.length)) != -1)
                        //循环读取，每次读取到的数据存入 b，读取到的字节数存入 len
                {
                    System.out.print(new String(b, 0, len));
                        //将数组 b 中从下标 0 开始，len 长度的内容创建字符串
                }
                fis.close();
            } catch (FileNotFoundException e) {
                // TODO Auto-generated catch block
                e.printStackTrace();
            } catch (IOException e) {
                // TODO Auto-generated catch block
                e.printStackTrace();
            }
        }
    }
```

三次运行结果相同，如图 9-7 所示。

```
Problems  @ Javadoc  Declaration  Console
<terminated> C10_33 [Java Application] E:\jdk1.7.0_79\bin\javaw.exe (2018-8
HelloWorld
```

图 9-7 程序运行结果

【例 9-4】 使用前两种方法将指定内容写入到硬盘文件 d:/b.txt 中，并在控制台中显示 b.txt 的字节总数。

指定内容：Java 语言是一门跨平台的语言，可以用于多种操作系统。

方法 1：逐个字节写入。

```java
public class C10_41 {
    public static void main(String[] args) {
        String filename = "d:/b.txt";
        String text = "Java 语言是一门跨平台的语言,可以用于多种操作系统";
        try {
            FileOutputStream fos = new FileOutputStream(filename);
                        //文件输出流对象，同时创建为文件
            byte b[] = text.getBytes();            //内容转换成数组
            for(byte bb:b)                          //遍历数组
            {
                fos.write(bb);                      //逐个字节写出
            }
            fos.close();                            //关闭输出流
            File file = new File(filename);         //创建文件对象
            System.out.println("文件中字节数：" + file.length());   //得到文件字节数
        } catch (FileNotFoundException e) {
            // TODO Auto-generated catch block
            e.printStackTrace();
        } catch (IOException e) {
            // TODO Auto-generated catch block
            e.printStackTrace();
        }
    }
}
```

方法 2：一次性全部写入。

```java
public class C10_42 {
    public static void main(String[] args) {
        String filename = "d:/b.txt";
```

```java
String text="Java 语言是一门跨平台的语言,可以用于多种操作系统";
try {
    FileOutputStream fos = new FileOutputStream(filename);
                    //文件输出流对象，同时创建为文件
    byte b[] = text.getBytes();          //内容转换成数组
    fos.write(b);                        //数组一次性写出
    fos.close();                         //关闭输出流
    File file = new File(filename);      //创建文件对象
    System.out.println("文件中字节数："+file.length());   //得到文件字节数
} catch (FileNotFoundException e) {
    // TODO Auto-generated catch block
    e.printStackTrace();
} catch (IOException e) {
    // TODO Auto-generated catch block
    e.printStackTrace();
}
```

程序执行结果如图 9-8 所示。

```
文件中字节数：47
```

图 9-8　程序执行结果

【例 9-5】　采用"蚂蚁搬家"方式复制图片文件 d:/a.jpg 到 c:/a.jpg。

```java
public class C10_5 {
    public static void main(String[] args) {
        String sfile = "d:/a.jpg";       //源文件
        String dfile = "c:/a.jpg";       //目标文件
        try {
            FileInputStream fis = new FileInputStream(sfile);           //输入流对象
            FileOutputStream fos = new FileOutputStream(dfile,true);    //输出流对象
            byte b[] = new byte[64];     //缓存数组
            int len = -1;                //计数器
            while((len = fis.read(b, 0, b.length)) != -1) //循环读取
            {
                fos.write(b, 0, len);    //循环写入
            }
```

```
                fos.close();              //关闭输出流
                fis.close();              //关闭输入流
            } catch (FileNotFoundException e) {
                // TODO Auto-generated catch block
                e.printStackTrace();
            } catch (IOException e) {
                // TODO Auto-generated catch block
                e.printStackTrace();
            }
        }
    }
```

9.4 文件字符流

在 Java 中，系统提供了 FileReader 和 FileWriter 类，以字符形式从文件中读取和写入数据。文件字符输入/输出流实现了对文件的顺序访问，并且以字符为单位进行读/写操作。

在 Java 中，对文件的读/写操作主要步骤是：
(1) 创建文件输入/输出流对象，此时文件自动打开或创建。
(2) 用文件读写方法读写数据。
(3) 关闭数据流，同时关闭文件。

文件字符流和文件字节流在使用上区别并不大，主要是根据实际情况选用。

9.4.1 FileReader 类

FileReader 类的构造方法如下：
(1) FileReader (String filename)。
(2) FileReader (File file)。

其中，filename 表示要打开的文件名，file 对象表示要打开的文件对象。

   FileReader inr=new FileReader ("d:/test.txt");

如果 d 盘下的 test.txt 文件不存在或没有权限访问，系统会抛出 FileNotFoundException 异常。其 read 方法针对字符操作，与文件字节输入流没有太大区别。实际使用中，FileReader 多与 BufferedReader 联合使用，更加高效地读取字符文件，下面用一些文字来介绍 BufferedReader 类。

BufferedReader 类是字符缓冲读取类。所谓缓冲，是用于平衡计算机内存与外存传输速度、运算速度和存储速度的差异，还有优化数据存储形式转换所带来的时间消耗。平时生活中我们常见的地铁站、体育馆等人员密集场所的 S 型排队回廊就是一种缓冲区。在 Java 的 I/O 操作中，读取的目标内容多数位于计算机外部存储器中，近些年外部存储器的读写速度、传输速度已经飞速提高，但因为硬件种类过于繁杂，很难有统一的标准来规范。因此，在程序编写时，程序员一定要充分考虑到程序运行的复杂环境。BufferedReader

与 FileReader 的套用关系可以参考图 9-4 的内容。

  FileReader fr = new FileReader("d:/a.txt");

  BufferedReader bfr = new BufferedReader(fr);

首先用 FileReader 连接到要读取的文件，然后将 fr 对象作为参数传递给 BufferedReader 对象 bfr，bfr 就可以直接调用 read 或者 readLine 方法进行读取，省去了 FileReader 的 read 方法先将内容读入数组再做转换的操作。

9.4.2 FileWriter 类

FileWriter 类的构造方法如下：

(1) FileWriter(String filename)。
(2) FileWriter(File file)。
(3) FileWriter(String filename,boolean boo)。
(4) FileWriter(File file,boolean boo)。

  FileWriter fr = new FileWriter("d:/test.txt",true);

FileWriter 的构造方法还可以创建目标文件，代码执行过后，在 d 盘下，就会出现名为 test.txt 的独立文件，fr 对象可以以追加的方法向文件中写入内容。

FileWriter 同样可以与 BufferedWriter 类联合使用，提高写入效率。

9.4.3 FileReader 类和 FileWriter 类的实例

【例 9-6】通过 FileReader 与 BufferedReader 类联合使用，将文件 d:/a.txt 的内容按原有格式显示到控制台中。

```
public class C10_6 {
    public static void main(String[] args) {
        try {
            FileReader fr = new FileReader("d:/a.txt");        //创建文件字符输入流对象
            BufferedReader bfr = new BufferedReader(fr);       //创建缓冲区读取对象
            String s = "";                                     //每行读取的缓存字符串变量
            while((s = bfr.readLine()) != null)                //每次读一行，循环读取 null 表示读取结束
            {
                System.out.println(s);                         //控制台输出
            }
            bfr.close();
            fr.close();
        } catch (FileNotFoundException e)
        {
            // TODO Auto-generated catch block
            e.printStackTrace();
        } catch (IOException e)
```

```
            {
                // TODO Auto-generated catch block
                e.printStackTrace();
            }
        }
    }
```

源文件内容如图 9-9 所示，程序执行结果如图 9-10 所示。

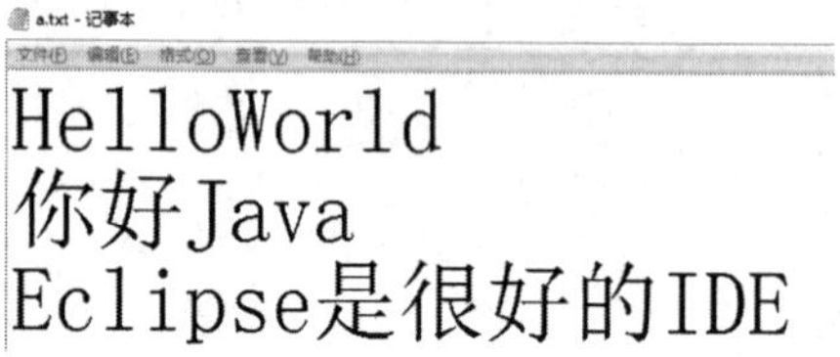
HelloWorld
你好Java
Eclipse是很好的IDE

图 9-9　源文件内容

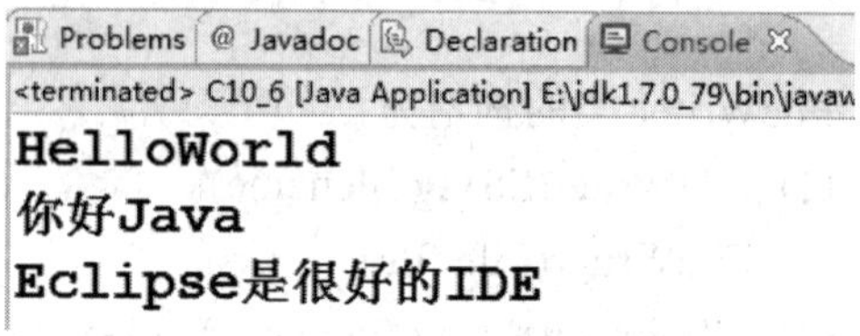
Problems
Javadoc
Declaration
Console
<terminated> C10_6 [Java Application] E:\jdk1.7.0_79\bin\javaw
HelloWorld
你好Java
Eclipse是很好的IDE

图 9-10　程序执行结果

【例 9-7】 通过 FileReader 和 FileWriter 将文件 d:/a.txt 复制到 c:/a.txt。

```
public class C10_7 {
    public static void main(String[] args) {
        try {
            FileReader fr = new FileReader("d:/a.txt");        //文件字符输入流对象
            FileWriter fw = new FileWriter("c:/a.txt");        //文件字符输出流对象
            char c[] = new char[16];                           //缓冲数组
            int len = 0;                                       //读取字符计数器
            while((len = fr.read(c, 0, c.length)) != -1)       //循环的读取，–1 停止
            {
                fw.write(c, 0, len); //文件写出
            }
            fw.close();      //关闭写出
            fr.close();      //关闭读取
        } catch (FileNotFoundException e)
        {
            // TODO Auto-generated catch block
            e.printStackTrace();
        } catch (IOException e)
        {
            // TODO Auto-generated catch block
            e.printStackTrace();
        }
    }
}
```

源文件内容如图 9-11 所示，程序执行结果如图 9-12 所示。

图 9-11　源文件内容

图 9-12　程序执行结果

【例 9-8】　通过 Scanner 类和 FileWriter 类，将键盘输入内容保存到 d:/test.txt 文件中，文件可追加写入。

```java
public class C10_8 {
    public static void main(String[] args) {
        Scanner scanner = new Scanner(System.in);       //系统输出
        try {
            FileWriter fw = new FileWriter("d:/test.txt",true); //文件字符输出流
            System.out.println("请在下面空白区域输入内容，回车结束：");
            String s = scanner.next();                  //获取键盘输入一行
            fw.write(s);                                //文件写出
            fw.close();                                 //关闭输出
        } catch (IOException e)
        {
            // TODO Auto-generated catch block
            e.printStackTrace();
        }
    }
}
```

控制台输入内容如图 9-13 所示，程序执行结果如图 9-14 所示。

图 9-13　控制台输入内容

图 9-14　程序执行结果

9.5　文 件 处 理

9.5.1　顺序访问文件

上面章节中，虽然读取或者写入文件的形式各有不同，但都遵循了一个原则，就是无

论读写，都要按照文件中内容排列的先后顺序进行。无论本次读取或写入一个字节，还是多个字节，一个字符或者多个字符，下一次读取或写入都要从上一次读取或写入的位置继续进行，不允许在文件中任意指定位置进行操作。这也是流(Stream)的概念的体现。

9.5.2 随机访问文件

在实际应用中，Java 语言还提供了一种可以更加快速读写文件的方式，就是使用 RandomAccessFIle 类随机读写文件。这个类提供了随机访问文件的方法，与之前的输入/输出流类相比，有两点不同：

(1) RandomAccessFile 类直接继承了对象类 Object，同时实现了 DataInput 接口和 DataOutput 接口，所以 RandomAccessFile 类既可以作为输入流、又可以作为输出流。

(2) RandomAccessFile 类之所以允许随机访问文件，是由于它定义了一个文档当前位置的指针，文件的存取都是从文件当前位置指针指示的位置开始的。通过移动这个指针，就可以从文件的任何位置开始进行读/写操作。与此同时，系统从文件中读取数据或向文件写入数据时，位置指针会自动移动。

下面介绍文件处理过程中需要用到的一些方法。

1. 构造方法

(1) RandomAccessFile(File file,String Mode)。

(2) RandomAccessFile(String name,String mode)。

其中 file 是一个文件对象；mode 是访问方式，常用有两个值：r(读)、rw(读写)。例如下面代码创建了随机读取文件对象 rd，文件名为 a.txt，文件属性为只读。

    RandomAccessFile rd = new RandomAccessFile("a.txt","r");

2. 常用方法

(1) public long getFilePointer()：返回文件指针位置。

(2) public long length()：返回文件长度。

(3) public void seek(long pos)：将文件指针移动到 pos 位置。

(4) public int skipBytes(int n)：将文件指针跳过 n 个字节。

(5) public void close()：关闭文件流并释放所有资源。

(6) public int read()：从文件流中读取一个字节，以 int 返回。

(7) public void read(byte b[])：从文件流中读取 b.length 个字节，存入输入 b。

(8) public final char readChar()::从文件流中读取一个字符。

(9) public void write(int b)：将 b 的字节表示写入文件。

(10) public void writeBytes(String s)：从当前指针位置开始，将字符串 s 按照字节方式写入文件。

(11) public void writeChars(String s)：从当前指针位置开始，将字符串 s 按照字符方式写入文件。

【例 9-9】利用随机访问文件类，读取文件中从第 5 下标位置开始的两个字符内容。

  public class C10_9 {
    public static void main(String[] args) {

```java
        try {
            RandomAccessFile raf = new RandomAccessFile("d:/a.txt", "r");
                                        //创建随机访问文件对象
            raf.seek(5);                //移动文件指针到下标 5 位置
            byte b[] = new byte[2];     //缓存数组
            raf.read(b);                //读取
            String s = new String(b);   //构建字符串
            System.out.println(s);      //显示
            raf.close();                //关闭
        } catch (FileNotFoundException e) {
            e.printStackTrace();
        } catch (IOException e) {
            e.printStackTrace();
        }
    }
}
```

【例 9-10】 利用随机访问文件类，向文件中第 3, 6, 9, 12, 15 位置写入字符 a，其余位置空白。

```java
public class C10_10 {
    public static void main(String[] args) {
        try {
            RandomAccessFile raf = new RandomAccessFile("d:/raf.txt","rw");
            for(int i = 1; i <= 20; i++)
            {
                if(i%3 == 0)
                {
                    raf.seek(i);
                    raf.writeChars("a");
                }
            }
            raf.close();
        } catch (FileNotFoundException e)
        {
            e.printStackTrace();
        } catch (IOException e) {
            e.printStackTrace();
        }
    }
}
```

实 训 9

Java 文件处理 1

实现功能：

仿照 Windows 记事本工具，用 Swing 技术结合 I/O 技术完成在记事本中新建文件、打开文件、保存文件的功能。

运行结果：

运行结果如图 9-15 和图 9-16 所示。

图 9-15　记事本界面　　　　　　　　图 9-16　菜单栏

参考代码：

主界面及菜单栏对应代码如下：

```
    private Container container;
    private JMenuBar jmb;
    private JMenu jm1;
    private JMenuItem jmi11, jmi12, jmi13;
    private JTextArea jta;

    public C10_11() {
        this.init();
    }

    void init() {
        container = this.getContentPane();
        container.setLayout(new BorderLayout());
        jmi11 = new JMenuItem("新建");
```

```
jmi12 = new JMenuItem("打开");
jmi13 = new JMenuItem("保存");
jmi10.addActionListener(this);
jmi11.addActionListener(this);
jmi13.addActionListener(this);
jm1 = new JMenu("文件");
jm1.add(jmi11);
jm1.add(jmi12);
jm1.add(jmi13);
jmb = new JMenuBar();
jmb.add(jm1);
this.setJMenuBar(jmb);
jta = new JTextArea();
container.add(jta);
this.setTitle("第 10 章文件操作实训");
this.setDefaultCloseOperation(3);
this.setBounds(100, 100, 600, 400);
this.setVisible(true);
}
```

Java 文件处理 2

实现功能:

文件新建功能,要求新建文件之前,判断文本域内是否为空,如果不为空,则需要提示现有内容是否保存,并开启保存功能,否则直接新建空白文件。

参考代码:

文件新建功能代码如下:

```
if (e.getSource() == jmi11) {
    if (!jta.getText().equals("")) {
        int flag = JOptionPane.showConfirmDialog(this, "现有内容是否保存? ");
        switch (flag) {
            case 0:
                JFileChooser jfc = new JFileChooser();
                jfc.setDialogType(JFileChooser.SAVE_DIALOG);
                jfc.showSaveDialog(this);
                File file = jfc.getSelectedFile();
                String text[] = jta.getText().split("\n");
                try {
                    this.write(file, text);
```

```
                jta.setText("");
            } catch (IOException e1) {
                // TODO Auto-generated catch block
                e1.printStackTrace();
            }
        case 1:
        case 2:
            jta.setText("");
        }
    }
}
```

Java 文件处理 3

实现功能：

文件打开功能，如图 9-17 所示，点击文件菜单中打开功能，在对话框中选择所要打开的文件，读取内容到文本域中，注意保持原有文件格式。

运行结果：

运行结果如图 9-17 所示。

图 9-17　文件打开功能

参考代码：

```
if (e.getSource() == jmi12) {
    if (!jta.getText().equals("")) {
        int flag = JOptionPane.showConfirmDialog(this, "现有内容是否保存？");
        switch (flag) {
```

```java
                case 0:
                    JFileChooser jfc = new JFileChooser();
                    jfc.setDialogType(JFileChooser.SAVE_DIALOG);
                    jfc.showSaveDialog(this);
                    File file = jfc.getSelectedFile();
                    String text[] = jta.getText().split("\n");
                    try {
                        this.write(file, text);
                        jta.setText("");
                    } catch (IOException e1) {
                        // TODO Auto-generated catch block
                        e1.printStackTrace();
                    }
                case 1:
                case 2:
                    jta.setText("");
            }
        }else
        {
            JFileChooser jfc = new JFileChooser();
            jfc.setDialogType(JFileChooser.OPEN_DIALOG);
            jfc.showOpenDialog(this);
            File file = jfc.getSelectedFile();
            try {
                String s = this.read(file);
                jta.setText(s);
            } catch (IOException e1) {
                // TODO Auto-generated catch block
                e1.printStackTrace();
            }
        }
    }
```

Java 文件处理 4

实现功能：

文件保存功能，在文件菜单中选择保存，如图 9-18 在打开的对话框中选择文件保存的目录，并且输入文件名，将文本域中的内容保存到指定文件中。

运行结果：

运行结果如图 9-18 所示。

图 9-18　文件保存功能

参考代码：

```
if (e.getSource() == jmi13) {
    if (!jta.getText().equals("")) {
        JFileChooser jfc = new JFileChooser();
        jfc.setDialogType(JFileChooser.SAVE_DIALOG);
        jfc.showSaveDialog(this);
        File file = jfc.getSelectedFile();
        String text[] = jta.getText().split("\n");
        try {
            this.write(file, text);
            jta.setText("");
        } catch (IOException e1) {
            // TODO Auto-generated catch block
            e1.printStackTrace();
        }
    }
}
```

文件读写功能代码：

```
public String read(File file) throws IOException {
    FileReader fr = new FileReader(file);
    StringBuffer sbf = new StringBuffer();
    BufferedReader bfr = new BufferedReader(fr);
    String s = "";
    while ((s = bfr.readLine()) != null) {
        sbf.append(s);
        sbf.append("\r\n");
```

```
        }
        bfr.close();
        return sbf.toString();
    }

    public void write(File file, String[] text) throws IOException {
        FileWriter fw = new FileWriter(file);
        BufferedWriter bfw = new BufferedWriter(fw);
        for (String s : text) {
            bfw.write(s);
            bfw.newLine();
            bfw.flush();
        }
        bfw.close();
    }
```

习题 9

一、选择题(可多选)

1. 字节流和字符流的区别是(　　)。
   A．每次读取的字节数不同　　　　　　B．前者带有缓冲，后者没有
   C．前者以字节读写，或者以字符读写　D．二者没有区别

2. Java 语言提供的主要输入/输出流所在的包是(　　)。
   A．java.io　　　　B．java.util　　　　C．java.math　　　　D．java.IO

3. 创建文件"test.txt"的字节输入流语句是(　　)。
   A．InputStream in=new FileInputStream("test.txt");
   B．FileInputStream in=new FileInputStream(new File("test.txt"));
   C．InputStream in=new FileReader("test.txt");
   D．InputStream in=new InputStream("test.txt");

4. 下列创建 InputStreamReader 对象的方法中正确的是(　　)。
   A．new InputStreamReader(new FileInputStream("data"));
   B．new new InputStreamReader(new FileReader("data"));
   C．new InputStreamReader(new BufferedReader("data"));
   D．new InputStreamReader(System.in);

5. 下列创建 RandomAccessFile 对象的方法中正确的是(　　)。
   A．new RandomAccessFile("test.txt","rw");
   B．new RandomAccessFile(new DataInputStream());

C. new RandomAccessFile(new File("test.txt"));

   D. new RandomAccessFile("test.txt")

6. 以下实现关闭流的方法是(　　)。

   A. void close()　　　　　　　B. void reset()

   C. int size()　　　　　　　　D. void flush()

7. 可以得到一个文件的路径名的方法是(　　)。

   A. String getName()　　　　　B. String getPath()

   C. String getParent()　　　　D. String renameTo()

二、简答题

1. 字节流与字符流有什么区别？
2. 字节流和字符流进行读写操作的一般步骤？
3. File 类有哪些构造方法和常用方法？

三、编程题

1. 编写一个程序，将输入的小写字符串转换成为大写，然后保存在文件"a.txt"中。

2. 编写一个程序，如果文件 text.txt 不存在，以该名创建一个文件。如果该文件已存在，使用文件输入/输出流将 100 个随机生成的整数写入文件中，整数之间用空格分隔。

第 10 章　Java 多线程处理机制

教学目标

(1) 理解线程的概念；
(2) 理解线程与进程的区别；
(3) 掌握线程的创建方法；
(4) 掌握线程的控制方法。

10.1　线 程 概 述

10.1.1　线程的概念

几乎每种操作系统都支持线程的概念。线程就是在某种程度上相互隔离的、独立运行的程序。

线程化是允许多个活动共存于一个进程的工具。大多数现代操作系统都支持线程，而且线程的概念以各种形式已存在了很多年。Java 是第一个在语言本身中显式地包含线程的主流编程语言，它没有把线程化看作是底层操作系统工具。

10.1.2　Java 中的线程

每个 Java 程序都至少有一个线程——主线程。当一个 Java 程序启动时，JVM 会创建主线程，并在该线程中调用程序的 main()方法。JVM 还创建了其他线程，但通常都看不到，例如与垃圾收集、对象中止和其他 JVM 内务处理任务相关的线程。其他工具也创建线程，如抽象窗口工具包(AWT)或 Swing UI 工具包、Servlet 容器、应用程序服务器和远程方法调用(RMI)。图 10-1 所示为线程全部运行的状态图。

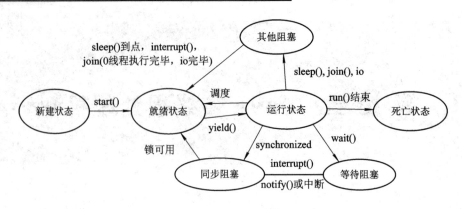

图 10-1　线程状态转化图

10.1.3　使用线程的原因

在 Java 程序中，使用线程有很多原因。如果用户使用 Swing、Servlet、RMI 等技术，可能没有意识到自己已经在使用线程了。使用线程的原因是它们可以使 UI 响应更快、利用多处理系统、简化建模。

执行异步或后台处理、响应更快 UI 事件驱动的 UI 工具箱(如 AWT 和 Swing)有一个时间线程，它处理 UI 事件，如按键或鼠标单击。SWT 和 Swing 程序把事件监听器与 UI 对象连接。当特定事件(如单击按钮)发生时，这些监听器会得到通知。事件监听器是 AWT 事件线程中调用的。

如果事件监听器要执行持续很久的任务，如检查一个大文档中的拼写，事件线程将忙于运行拼写检查器，所以在完成事件监听器之前，就不能处理额外的 UI 事件。这就会使程序看起来似乎停滞了，让用户不知所措。要避免使 UI 延迟响应，事件监听器应该把较长的任务放到另一个编程中，这样 AWT 线程在任务的执行过程中就可以继续处理 UI 事件(包括取消正在执行的长时间运行任务的请求)。

10.2　线程创建

10.2.1　继承 java.lang.Thread 类

创建线程的第一种方式：继承 java.lang.Thread 类，重写 public void run()方法。示例代码如下：

```
public class Thread1 extends Thread {
    //继承 Thread 类并重写 run 方法
    //该方法中重写在当前线程中需要运行的代码
    public void run() {
        for(int i = 0; i < 1000; i++)
```

```
            {
                System.out.println(i);
            }
        }
    }
```

需要注意的是，在线程启动时，首先创建线程的对象 Thread1 thread1 = new Thread()，然后调用 start()方法，而不是调用 run()方法。

当线程启动运行 main 时，Java 虚拟机启动一个线程，主线程 main 在 main()调用时被创建。随着调用 Thread1 的对象的 start 方法，另外一个线程也启动了。这样，整个应用就在多线程下运行。调用另一个 Thread.currentThread().getName()方法，可以获得当前线程的名字。在 main 方法中，调用该方法，获得的是主线程的名字。start()方法调用后并不是立即执行多线程代码，而是使线程变为可运行状态(Runnable)，什么时候运行是由操作系统决定的。从程序运行的结果可以发现，多线程程序是乱序执行的。因此，只有乱序执行的代码才有必要设计为多线程。Thread.sleep()方法调用目的是不让当前线程独自霸占该进程所获取的 CPU 资源，以便留出一定时间给其他线程执行。实际上所有的多线程代码执行顺序都是不确定的，每次执行的结果都是随机的。

10.2.2 实现 java.lang.Runnable 接口

创建线程的第二种方式：实现 java.lang.Runnable 接口，实现 run()方法。代码如下：

```
    public class Run1 implements Runnable {
        public void run() {
            for(int i = 0; i < 1000; i++)
            {
                System.out.println(i);
            }
        }
    }
```

这种线程启动时和第一种方式不同，需要通过下面的代码完成：

```
    Run1 run1 = new Run1();
    Thread t1 = new Thread(run1);
    t1.start();
```

Run1 类通过实现 Runnable 接口，使得该类有了多线程类的特征。run()方法是多线程程序的一个约定，所有的多线程代码都在 run()方法里面。Thread 类实际上也是实现类 Runnable 接口的类。在启动多线程时，需要先通过 Thread 类的构造方法 Thread(Runnable target)构造出对象，然后调用 Thread 对象的 start()方法来运行多线程代码。实际上所有的多线程代码都是通过运行 Thread 的 start()方法来运行的。因此，不管是扩展了 Thread 类，还是实现 Runnable 接口来实现多线程，最终还是通过 Thread 类的对象的 API 来控制线程的。熟悉 Thread 类的对象的 API 是多线程编程的基础。

10.3 线程的生命周期

10.3.1 创建和就绪状态

当我们用 new 运算符以后，就创建了一个线程的实例，创建完成以后该线程就处于新建状态，此时它就被 Java 虚拟机分配内存，并且会初始化其成员变量的值。此时线程只是处于实例状态，并不会执行线程体。

当线程对象调用了 start()方法之后，该线程就处于就绪状态，Java 虚拟机会为其创建方法调用的栈，但是该线程只是处于就绪状态，并不会开始执行，只是代表该线程可以运行了，至于何时运行，取决于 JVM 里调度器的调度。

10.3.2 运行和阻塞状态

如果处于就绪状态的线程获得 CPU，就会开始执行线程的 run()方法，则该线程处于运行状态；如果计算机只有一个 CPU，那么在任何时刻只有一个线程处于运行状态；如果在一个多处理器的机器上，则会有多个线程并行执行。当线程数大于处理器数目时，依然会出现多个线程在同一个 CPU 上轮换的现象。

当一个线程开始运行后，它不可能一直处于运行状态，线程在运行过程中需要被中断，目的是让其他线程获得执行的机会。线程调度的细节取决于底层调度策略，系统会为每个线程分配一个微小的时间片段来处理任务，当时间用完后，系统会剥夺该线程所占用的资源，给其他线程执行的机会，至于下一个让哪个线程执行，会考虑线程的优先级。当出现下面的情况时，线程会进入阻塞状态。

(1) 线程调用了 sleep()方法。
(2) 线程调用了一个阻塞的 I/O 方法，在该方法返回之前，线程被阻塞。
(3) 线程在等待某个通知(notify)。
(4) 程序调用了线程的 suspend()方法，将该线程挂起。

正在执行的线程被阻塞之后，其他线程就会获得执行的机会，被阻塞的线程会在合适的时候重新进入就绪状态，也就是说重新等待调度器再次调度。

10.3.3 线程死亡

线程出现以下几种情况就会自动结束，结束后的线程处于死亡状态。
(1) run()方法执行完成，线程正常结束。
(2) 线程出现了 Exception 或 Error。
(3) 直接调用了线程的 stop()方法结束线程。

如果想测试某个线程是否已经死亡，则可以调用线程的 isAlive()方法。当线程处于就绪、运行、阻塞状态时，该方法将返回 true；当线程处于新建、死亡状态时，该方法返回 false。

10.4 线程操作

10.4.1 join 线程

在很多情况下，主线程生成并启动了子线程，如果子线程里要进行大量的、耗时的运算，则主线程往往在子线程之前结束，但是如果主线程处理完其他事物后，需要用到子线程的处理结果，也就是主线程需要等待子线程执行完成之后再结束，这个时候就需要用到 join()方法。示例代码如下：

```java
public class JoinThreadDemo extends Thread {
    //设置线程名
    public JoinThreadDemo(String name) {
        super(name);
    }
    //线程体
    public void run() {
        for (int i = 0; i < 100; i++) {
            System.out.println(getName() + ":" + i);
        }
    }
    public static void main(String[] args) {
        //主线程开始
        for (int i = 0; i < 100; i++) {
            if (i == 20) {
                //子线程被创建
                JoinThreadDemo demo = new JoinThreadDemo("被 join 线程");
                try {
                    //子线程就绪
                    demo.start();
                    //子线程加入主线程
                    demo.join();
                } catch (InterruptedException e) {
                    // TODO Auto-generated catch block
                    e.printStackTrace();
                }
            }
```

```
            //显示当前线程名
            System.out.println(Thread.currentThread().getName() + ":" + i);
        }
    }
}
```

上面的代码启动了两个线程，分别是主线程和 demo 子线程。如果把 demo.join()代码删除，运行程序，可以看到大多数情况下是主线程执行完毕；如果把 demo.join()加上，运行程序，可以看到当主线程输出到 19 时不会往下执行，只有等待 demo 子线程执行完毕以后，主线程才可以执行。

10.4.2 后台线程

后台线程具有如下四个特点：

（1）后台线程会随着主线程的结束而结束，但是前台线程不会。或者说，只要一个前台进程未退出，进程就不会终止。

（2）默认情况下，程序员创建的线程是用户线程。用 setDaemon(true)可以设置线程为后台线程。而用 isDaemon()可以判断一个线程是前台线程还是后台线程。

（3）JVM 的垃圾回收器其实就是一个后台线程。

（4）setDaemon()方法必须在 start 方法之前设定，否则会抛出 IllegalThreadStateExcetion 异常。

下面的示例是对后台线程的演示。

```
public class DaemonThread extends Thread {
    public void run() {
        while (true) {
            System.out.println(getName());
        }
    }
    public static void main(String[] args) {
        DaemonThread t = new DaemonThread();
        t.setDaemon(true);
        t.start();
        for (int i = 0; i < 10; i++)
        {
            System.out.println(Thread.currentThread().getName() + "===" + i);
            try {
                Thread.sleep(1000);
            } catch (InterruptedException e)
            {
                // TODO Auto-generated catch block
```

```
            e.printStackTrace();
        }
    }
    System.out.println("endmain");
}
```
　　上面的程序中，粗体字代码先将 t 线程设置成后台线程，然后启动后台线程。本来该线程是一直执行不会结束，但运行程序时发现该后台线程无法一直运行，因为当主线程结束，JVM 会自动退出，所以后台线程也就结束了。

10.4.3 线程睡眠

　　如果需要让当前正在执行的线程暂停一段时间(时间非常短，通常按毫秒计算)，并进入阻塞状态，则可以通过调用 Thread 的静态方法 sleep() 来实现。sleep()方法有两种重载形式：

　　(1) static void sleep(long millis)：让当前正在执行的线程暂停 millis(毫秒)，并且进入阻塞状态。该方法受到系统计时器和线程调度器的精度和准确度的影响。

　　(2) static void sleep(long millis,int nanos)：让当前正在执行的线程暂停 millis(毫秒)加 nanos(微秒)，并进入阻塞状态。这种过于精确的控制方法一般很少使用。

　　当线程调用 sleep()方法进入阻塞状态后，在其休眠时间段内，该线程不会获得执行的机会，即使系统中没有其他可执行的线程，处于 sleep()中的线程也不会执行。因此，sleep方法常用来暂停线程的执行。

10.4.4 线程让步

　　Thread.yield()方法的作用是：暂停当前正在执行的线程对象，并执行其他线程。

　　yield()应该做的是让当前运行线程回到可运行状态，以允许具有相同优先级的其他线程获得运行机会。因此，使用 yield()的目的是让相同优先级的线程之间能适当地轮转执行。但是，实际中无法保证 yield()达到让步目的，因为让步的线程还有可能被线程调度程序再次选中。示例代码如下：

```
public class YieldThread extends Thread {
    public YieldThread(String name) {
        super(name);
    }

    public void run() {
        for (int i = 0; i < 50; i++)
        {
            System.out.println(getName() + ":" + i);
```

```
                if (i == 20)
                {
                    Thread.yield();
                }
            }
        }

        public static void main(String[] args) {
            YieldThread t1 = new YieldThread("高级");
            t1.start();
            YieldThread t2 = new YieldThread("低级");
            t2.start();
        }
    }
```

上面的程序中，粗体字代码调用 yield()静态方法让当前正在执行的线程暂停，让系统线程调度器重新加载。因此，当其中一个线程调用该方法后会暂停执行，让步给另外一个线程执行。

10.4.5 线程优先级

线程总是存在优先级，优先级范围为 1~10。JVM 线程调度程序是基于优先级的抢先调度机制。在大多数情况下，当前运行的线程优先级将大于或等于线程池中任何线程的优先级。

当设计多线程应用程序时，一定不要依赖于线程的优先级。因为线程调度优先级操作是没有保障的，只能把线程的优先级作为一种提高程序效率的方法，但是要保证程序不依赖这种操作。

当线程池中的线程都具有相同的优先级时，调度程序的 JVM 实现自由选择它喜欢的线程。这时候调度程序的操作有两种可能：一种是选择一个线程运行，直到它阻塞或者运行完成为止；另一种是时间分片，为线程池内的每个线程提供均等的运行机会。

线程默认的优先级是创建它的执行线程的优先级。可以通过 setPriority(intnewPriority)更改线程的优先级。例如：

```
        MyThread t = new MyThread();
        t.setPriority(8);
        t.start();
```

线程优先级为 1~10 的正整数。JVM 从不会改变一个线程的优先级。然而，1~10 的值是没有保证的。一些 JVM 可能不识别 10 个不同的值，而将这些优先级进行每两个或多个合并，变成少于 10 个优先级，则两个或多个优先级的线程可能被映射为一个优先级。线程的默认优先级是 5。Thread 类中有三个常量定义线程优先级范围：

(1) static int MAX_PRIORITY：线程可以具有的最高优先级。

(2) static int MIN_PRIORITY：线程可以具有的最低优先级。

(3) static int NORM_PRIORITY：线程的默认优先级。

10.5 线程同步

10.5.1 线程安全问题

我们可以在计算机上运行各种计算机软件程序。每一个运行的程序可能包括多个独立运行的线程(Thread)。线程是一个独立运行的程序，有自己专用的运行栈。线程有可能和其他线程共享一些资源，如内存、文件、数据库等。当多个线程同时读写同一份共享资源时，可能会引起冲突。这时候，我们需要引入线程"同步"机制，即各线程之间要有顺序。"同步"这个词是从英文 synchronize(使同时发生)翻译过来的。线程同步的真实意思和字面意思恰好相反，线程同步的真实意思是一个一个对共享资源进行操作，而不是同时进行操作。

只有"变量"才需要同步访问。如果共享的资源是固定不变的，那么就相当于"常量"，线程同时读取常量也不需要同步。至少一个线程修改共享资源，这样的情况下，线程之间就需要同步。多个线程访问共享资源的代码有可能是同一代码，也有可能是不同的代码。无论是否执行同一代码，只要这些线程的代码访问同一个可变的共享资源，这些线程之间就需要同步。

10.5.2 线程并发演示

【例 10-1】 一对夫妻拿着相同的银行卡号去银行取钱，一人拿着存折，另一人拿着银行卡。假如卡里有 2000 元钱，丈夫取了 1500 元，妻子在同一时间也取了 1500 元。如果取钱这段程序没有进行同步，也就是说这两个操作可以同时进行，当第一程序执行时，还没有把钱从卡里扣掉，妻子也可以从卡里取出 1500 元，即两个人从一张卡里取出 3000 元，这就涉及线程安全问题。如果这段代码进行同步，当存折和卡对应的同一账户被操作时，其余的线程再想去操作，只能等待，等前一个线程执行完毕，把钱从卡里扣除后，第二个线程再去操作，发现余额不足，钱就无法取出。

示例代码如下：

```
public class ThreadTest {
    public double money = 2000;
    public static void main(String[] args) {
        ThreadTest t = new ThreadTest();
        t.qukuan();
    }

    public void qukuan()
```

```java
        {
            MyThread t1 = new MyThread("丈夫", 1500);
            MyThread t2 = new MyThread("妻子", 1500);
            t1.start();
            t2.start();
        }

        class MyThread extends Thread {
            private double money1;
            String name;
            public MyThread(String name,double money1) {
                this.money1 = money1;
                this.name = name;
            }
            @Override
            public void run() {
                if(money > money1)
                {
                    try {
                        Thread.sleep(1000);
                    } catch (InterruptedException e)
                    {
                        TODO Auto-generated catch block
                        e.printStackTrace();
                    }
                    money = money-money1;
                    System.out.println(name + "取款成功!");
                }
            }
        }
```

执行结果如图 10-2 所示。

```
Problems  @ Javadoc  Declaration  Console
<terminated> ThreadTest [Java Application] E:\jdk1.8.0_131\bin\ja
丈夫取款成功!
妻子取款成功!
```

图 10-2　程序执行结果

上面的代码演示了线程并发问题，两个线程操作同一张卡，卡里只有 2000 元钱，为什么丈夫和妻子都能取出 1500 元呢？这就是线程没有同步，造成了数据安全问题，如图 10-3 所示。

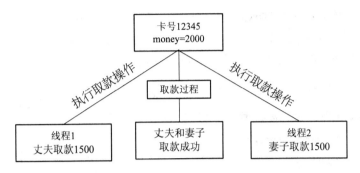

图 10-3　并发问题描述流程图

10.5.3　线程同步方法

前面介绍了为什么要线程同步，下面介绍如何才能实现线程同步。线程同步的基本实现思路还是比较容易理解的。我们可以给共享资源加一把锁，这把锁只有一把钥匙，哪个线程获取了这把钥匙，才有权利访问该共享资源。确切地说，是把同步锁加载到"访问共享资源的代码段"上。下面就来仔细分析"同步锁加在代码段上"的线程同步模型。

尤其要注意的问题是：访问统一共享资源的不同代码段，应该加上同一个同步锁。如果加的是不同的同步锁，那么根本就起不到同步的作用，没有任何意义。这就是说，同步锁本身也一定是多个线程之间的共享对象。

Java 中提供了同步的方法，我们主要看其中一种，即同步锁。一段 synchronized 的代码被一个线程执行之前，要先拿到执行这段代码的权限，在 Java 里就是拿到某个同步对象的锁(一个对象只有一把锁)，如果这个时候同步对象的锁被其他线程拿走了，它(这个线程)就只能等待(线程阻塞在锁池等待队列中)。取到锁后，它就开始执行同步代码(被 synchronized 修饰的代码)。线程执行完同步代码后，马上就把锁还给同步对象，其他在锁池中等待的某个线程就可以拿到锁执行同步代码了。这样就保证了同步代码在同一时刻只有一个线程在执行。

以之前取钱的案例进行线程同步，实现线程安全。更新后的代码如下：

```
public class ThreadTest2 {
    public double money = 2000;
    public static void main(String[] args) {
        ThreadTest2 t = new ThreadTest2();
        t.qukuan();
    }

    public void qukuan()
```

```java
        {
            MyThread2 t = new MyThread2("取款操作", 1500);
            Thread t1 = new Thread(t, "丈夫");
            Thread t2 = new Thread(t, "妻子");
            t1.start();
            t2.start();
        }

        class MyThread2 extends Thread {
            private double money1;
            String name;
            public MyThread2(String name, double money1) {
                this.money1 = money1;
                this.name = name;
            }
            @Override
            public void run() {
                synchronized (this)
                {
                    if (money > money1)
                    {
                        try {
                            Thread.sleep(1000);
                        } catch (InterruptedException e)
                        {
                            // TODO Auto-generated catch block
                            e.printStackTrace();
                        }
                        money = money - money1;
                        System.out.println(Thread.currentThread().getName() + "取款成功!");
                    } else
                    {
                        System.out.println(Thread.currentThread().getName() + "取款失败，余额不足");
                    }
                }
            }
        }
```

程序执行结果如图 10-4 所示。

```
Problems  @ Javadoc  Declaration  Console ⊠
<terminated> ThreadTest2 [Java Application] E:\jdk1.8.0_131\bin\javaw.exe (2018年11月6日 上午9:26:34)
丈夫取款成功！
妻子取款失败，余额不足
```

图 10-4 程序执行结果

上面的程序中，首先通过同步代码块的方式，将线程体部分进行加锁，保证同一时间只有一个线程对象可以访问共享资源 money。在线程执行时，一定要注意同步的用法，特别要注意本例中的线程同步是针对同一个线程类的多个对象。因此，在线程调用时不可以同时创建两个线程对象，然后分别启动。

至此，案例的执行流程图如图 10-5 所示。

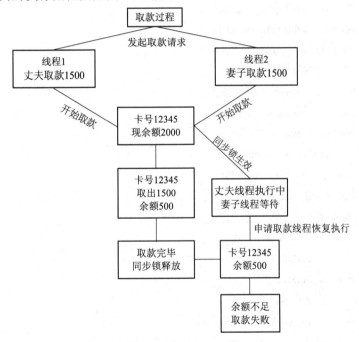

图 10-5 线程同步执行流程图

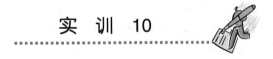

基于 Java 的多线程抽奖器

实现功能：

做这样一个抽奖器，要求从文件中读取出提前录入的手机号码。单击"开始抽奖"按钮，按钮上文字变为停止抽奖，屏幕文本框中将这些手机号码滚动显示，单击"停止抽奖"按钮，屏幕显示的号码即为中奖号码。

(1) 进行界面设计。本例中需要两个按钮，一个用来启动和停止抽奖，一个用来初始化抽奖系统。还需要使用到一个文本框，用于显示中奖号码，但文本框不允许编辑。布局方式采用最简单的流式布局。

参考代码：

```java
public class Lottery extends JFrame implements ActionListener {
    private Container container;
    privateJButton btn1;
    privateJButton reset;
    privateJTextFieldtelnum;
    public Lottery()
    {
        //初始化内容面板，设定布局方式
        container = this.getContentPane();
        container.setLayout(new FlowLayout());
        //初始化各组件
        btn1 = new JButton("开始抽奖");
        btn1.addActionListener(this);
        reset=new JButton("重新开始");
        reset.addActionListener(this);
        telnum = new JTextField(10);
        telnum.setEditable(false);
        //添加组件
        container.add(telnum);
        container.add(btn1);
        container.add(reset);
        //设置窗体基本属性
        this.setBounds(100, 100, 150, 150);
        this.setDefaultCloseOperation(JFrame.EXIT_ON_CLOSE);
        this.setVisible(true);
    }
    public void actionPerformed(ActionEvent e) {
    }
    public static void main(String[] args) {
        new Lottery();
    }
}
```

(2) 数据初始化。抽奖手机号的读入与系统初始化。通过文件 I/O 操作，逐行读取电话号码，存入集合对象中。在项目文件夹下，建立 tel.txt 文件，提前录入测试电话号码。当窗体打开时，文本框中默认显示第一行电话号码，文件结构如图 10-6 所示。

图 10-6　项目文件及结构图

下面为初始化集合的代码。

在类属性声明中加入：

　　private List<String> list;

在构造方法中加入：

　　this.initData();

在类中新建方法：

　　initData()

```
public void initData()
{
    if(list != null)
    {
        list.clear();
    }else
    {
        list = new ArrayList<String>();
    }
    FileReaderfr;
    String temp;
    try {
        fr = new FileReader("tel.txt");
        BufferedReaderbfr = new BufferedReader(fr);
        while((temp = bfr.readLine()) != null)
        {
            list.add(temp);
        }
        if(list.size() > 0)
        {
            telnum.setText(list.get(0));
        }
        fr.close();
```

233

```
                bfr.close();
                System.out.println(list.size());
            } catch (FileNotFoundException e) {
                System.out.println("文件无法找到");
                e.printStackTrace();
            } catch (IOException e) {
                System.out.println("文件读取异常");
                e.printStackTrace();
            }
        }
```

程序运行效果如图 10-7 所示。

图 10-7　程序运行效果图

(3) 抽奖功能。单击"开始抽奖"按钮，启动线程控制号码随机显示。事件中判断，如果按钮上的文字是"开始抽奖"，则修改为"结束抽奖"，同时启动线程。线程中随机从集合中抽取一个元素，并显示到文本框中，再次单击同一按钮，线程停止运行，按钮文字修改为"开始抽奖"。

在属性部分，加入如下代码：

```
    private Thread t;
```

在构造方法部分，初始化 t 对象：

```
    t = new MyThread();
```

定义线程的内部类 MyThread：

```
    class MyThread extends Thread{
        public void run() {
            //循环执行随机取值，填充文本框
            while(true)
            {
            try {
                //如果当前线程终止，则抛出异常
                if(this.interrupted())
                {
                    throw new InterruptedException();
                }
```

```java
            Random r = new Random();
            if(list.size() > 0)
            {
                    int i = r.nextInt(list.size());
                    String txt = list.get(i);
                    telnum.setText(txt);
            }
            Thread.sleep(200);
        } catch (InterruptedException e) {
            //捕获异常后，终止死循环
            break;
        }
      }
    }
}
```

在按钮事件方法中，加入如下代码：

```java
public void actionPerformed(ActionEvent e) {
    if(e.getSource() == btn1)
    {
        if(btn1.getText().equals("开始抽奖"))
        {
           /*
            * 如果线程生效，终止，并新建，后启动
            * 否则，新建线程，并启动
            */
           if(t.isAlive())
           {
               t.interrupt();
               t = new MyThread();
               t.start();
           }else
           {
               t = new MyThread();
               t.start();
           }
           btn1.setText("停止抽奖");
        }else
        {
           if(t.isAlive())
```

```
            {
                t.interrupt();
            }
            btn1.setText("开始抽奖");
        }
    }
    if(e.getSource() == reset)
    {
        this.initData();
    }
}
```

程序运行效果如图 10-8 所示。

图 10-8　程序运行效果图

完整代码如下：

```
public class Lottery extends JFrame implements ActionListener {
    private Container container;
    private JButton btn1;
    private JButton reset;
    private JTextFieldtelnum;
    private List<String> list;
    private Thread t;

    public Lottery()
    {        //初始化内容面板，设定布局方式
        container = this.getContentPane();
        container.setLayout(new FlowLayout());
        //初始化各组件
        btn1 = new JButton("开始抽奖");
        btn1.addActionListener(this);
        reset = new JButton("重新开始");
        reset.addActionListener(this);
        telnum = new JTextField(10);
```

```java
        telnum.setEditable(false);
        //添加组件
        container.add(telnum);
        container.add(btn1);
        container.add(reset);
        //设置窗体基本属性
        this.setBounds(100, 100, 150, 150);
        this.setDefaultCloseOperation(JFrame.EXIT_ON_CLOSE);
        this.setVisible(true);
        //初始化
        initData();
        t = new MyThread();
    }

    /**
     * 读取 tel.txt 文本文件
     * 存入 List 集合中
     */
    public void initData()
    {
        if(list != null)
        {
            list.clear();
        }else
        {
            list = new ArrayList<String>();
        }
        FileReader fr;
        String temp;
        try {
            fr = new FileReader("tel.txt");
            BufferedReader bfr=new BufferedReader(fr);
            while((temp=bfr.readLine()) != null)
            {
                list.add(temp);
            }
            if(list.size() > 0)
            {
                telnum.setText(list.get(0));
```

```java
        }
        fr.close();
        bfr.close();
    } catch (FileNotFoundException e) {
        System.out.println("文件无法找到");
        e.printStackTrace();
    } catch (IOException e) {
        System.out.println("文件读取异常");
        e.printStackTrace();
    }
}
class MyThread extends Thread{
    public void run() {
        //循环执行随机取值，填充文本框
        while(true)
        {
            try {
                //如果当前线程终止，则抛出异常
                if(this.interrupted())
                {
                    throw new InterruptedException();
                }
                Random r = new Random();
                if(list.size() > 0)
                {
                    int i = r.nextInt(list.size());
                    String txt = list.get(i);
                    telnum.setText(txt);
                }
                Thread.sleep(200);
            } catch (InterruptedException e)
            {
                //捕获异常后，终止死循环
                break;
            }
        }
    }
}
```

```java
public void actionPerformed(ActionEvent e) {
    if(e.getSource() == btn1)
    {
        if(btn1.getText().equals("开始抽奖"))
        {
            /*
             * 如果线程生效，终止，并新建，后启动
             * 否则，新建线程，并启动
             */
            if(t.isAlive())
            {
                t.interrupt();
                t = new MyThread();
                t.start();
            }else
            {
                t = new MyThread();
                t.start();
            }
            btn1.setText("停止抽奖");
        }else
        {
            if(t.isAlive())
            {
                t.interrupt();
            }
            btn1.setText("开始抽奖");
        }
    }
    if(e.getSource() == reset)
    {
        this.initData();
    }
}

public static void main(String[] args) {
    new Lottery();
}
}
```

习 题 10

一、选择题(可多选)

1. Java 中提供了一个(　　)，自动回收动态分配的内存。
   A．异步　　　　B．消费者　　　　C．守护　　　　D．垃圾收集
2. 有三种原因可以导致线程不能运行，即(　　)。
   A．等待　　　　　　　　　　　B．阻塞
   C．休眠　　　　　　　　　　　D．挂起及由于 I/O 操作而阻塞
3. 当(　　)方法终止时，能使线程进入死亡状态。
   A．run　　　B．setPriority　　　C．yield　　　D．sleep
4. 用(　　)可以改变线程的优先级。
   A．run　　　　　B．setPriority　　　　　C．yield　　　　　D．sleep
5. 线程通过(　　)方法可以使具有相同优先级的线程获得处理器。
   A．run　　　　　B．setPriority　　　　　C．yield　　　　　D．sleep
6. 线程通过(　　)方法可以休眠一段时间，然后恢复运行。
   A．run　　　　　B．setPriority　　　　　C．yield　　　　　D．sleep
7. (　　)方法可以用来终止当前线程的运行。
   A．interrupt　　　B．setPriority　　　　　C．yield　　　　　D．sleep

二、程序填空题

1. public class MyThread ___(1)___ Thread {
     public void ___(2)___ () {
         for(int i = 0; i < 1000; i++)
         {
             System.out.println(i);
         }
     }
   }

2. public class Run1 implements ___(1)___ {
       public void run() {
           for (int i = 0; i < 1000; i++) {
               System.out.println(i);
           }
       }

       public static void main(String[] args) {

            Run1 run1 = new Run1();
            Thread t1 = new Thread(　__(2)__　);
            　(3)　.start();
        }
    }

三、编程题

编写程序，模拟实现电影院的两个售票窗口，同时出售座位号为 1～100 的电影票，每次需要显示售票员编号和影票座位号，要求同一个座位只能被出售一次。

第 11 章　学生成绩管理系统的设计与实现

教学目标

(1) 复习本书所涉及知识点；
(2) 了解软件项目开发流程；
(3) 掌握软件项目开发方法。

11.1　选题的目的

由于高等学校的快速发展，高校规模越来越大，学生数量与课程数量都在迅速地增长，管理上的手工操作不仅会耗费学生与工作人员大量的时间和精力，而且效率和准确性也很低。如何使学生方便、快捷、准确地选课，已经成为一个重要的问题。

利用计算机进行学生选课方面的管理，不仅能够保证准确、无误、快速输出，而且还可以利用计算机对有关信息进行查询、检索迅速、查找方便、可靠性高、存储量大、保密性好。要科学地实现信息化管理，开发一个适合学校的，能够进行信息存储、查询、修改等功能的管理系统是十分重要的。

11.2　设计方案论证

11.2.1　设计思路

根据对系统进行的需求分析，本系统将分为 4 个模块：学生管理模块、课程管理模块、成绩管理模块和信息查询模块。实现的功能如下：

(1) 增加学生信息：系统操作人员打开学生信息增加界面，输入相关信息，在数据库中添加相关数据。

(2) 修改学生信息：根据学生学号查询出该学生的相关信息，修改相关条目后保存在数据库中。

(3) 删除学生信息：根据学生学号查询出该学生的相关信息，确定删除后，在数据库中删除该信息。

(4) 学生选课：选择学生学号与需要选择的课程，确认无误后保存，数据库中将自动添加新的选课记录。

(5) 增加课程信息：系统操作人员打开课程信息增加界面，输入相关信息，在数据库中添加相关数据。

(6) 修改课程信息：根据课程号查询出该课程的相关信息，修改相关条目后保存在数据库中。

(7) 删除课程信息：根据课程号查询出该课程的相关信息，确定删除后，在数据库中删除该信息。

(8) 登记成绩：根据学号以及该学生所选择的课程，进行成绩登记，未选课的学生无法进行登记。

(9) 修改成绩：对登记的成绩信息进行修改。

(10) 学生查询：可以根据学生学号、学生姓名、学生性别、学生所学专业和学生所属学院来对学生信息进行查询，所有符合查询条件的学生信息都将会被显示出来。

(11) 课程查询：可以按照课程名称、授课教师的姓名，对课程的详细信息进行查询，所有符合查询条件的课程信息都将会被显示出来。

(12) 成绩查询：根据学生的学号来查询该学生所有课程的成绩。

11.2.2 数据库设计

数据库中应包含 3 个表，即课程信息表(Course)、学生信息表(Student)和学生选课表(SC)。设计表如表 11-1、表 11-2、表 11-3 所示。

表 11-1 课程信息表(Course)

名 称	字段名称	数据类型	主 键	非 空
课程编号	Cnum	Char(4)	Yes	Yes
课程名称	Cname	Varchar2	No	Yes
授课教师	Cteacher	Varchar2	No	No
上课地点	Cplace	Varchar2	No	No
课程类别	Ctype	Char(1)	No	No

表 11-2 学生信息表(Student)

名 称	字段名称	数据类型	主 键	非 空
学号	Snum	Char(10)	Yes	Yes
学生姓名	Sname	Varchar2	No	Yes
性别	Ssex	Char(2)	No	No
民族	Sethnic	Char(2)	No	No
籍贯	Shome	Varchar2	No	No
入学年份	Syear	Char(4)	No	No
专业	Smajor	Varchar2	No	No
学院	Scollege	Varchar2	No	No
出生日期	Sbirth	Char(8)	No	No

表 11-3 学生选课表(SC)

名　称	字段名称	数据类型	主　键	非　空
学号	Snum	Char(10)	Yes	Yes
课程编号	Cnum	Char(4)	Yes	Yes
成绩	Grade	Number(4,1)	No	No

11.2.3 设计方法

1. 学生管理系统主界面模块

学生管理系统主界面模块包括 StuMS.java 和 StuMain.java 两个文件。StuMS 是学生管理系统的主运行类，其中有运行整个程序的 main 方法，该文件生成了 StuMain 类的一个实例，从而生成了学生管理系统的界面。StuMain 类继承自 JFrame 类，实现了事件侦听的接口，它有一个不带参数的构造方法 StuMain()，用来生成 StuMain 的实例。StuMain 类将所有的功能集中到菜单栏中，并通过调用其他模块来实现学生管理系统的各个功能。

2. 学生信息管理模块

学生信息管理模块主要由 StuInfo.java、AddStuInfo.java、EditStuInfo.java、DelStuInfo.java、SelectCourse.java 和 StuInfoSearchSnum.java 这 6 个文件组成。StuInfo 是 AddStuInfo、EditStuInfo、DelStuInfo 这 3 个类的超类，由于 AddStuInfo、EditStuInfo 和 DelStuInfo 的界面显示有共同之处，所以编写包含共有界面的 StuInfo 类，可以快速实现其 3 个子类的界面显示。它们之间的构成关系如图 11-1 所示。这 6 个类文件组成了主界面中"学生管理"菜单的内容，其中包括增加、修改、删除和学生选课功能。

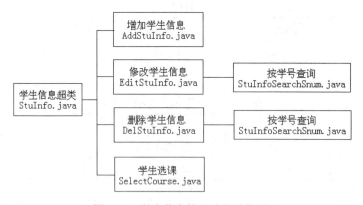

图 11-1 学生信息管理功能结构图

其中 StuInfoSearchSnum 类是选择学号的类，该类利用 getSnum()方法将选择出的学号返回给调用它的类。调用它的类包括 EditStuInfo 类和 DelStuInfo 类。

3. 课程信息管理模块

课程信息管理模块主要由 CourseInfo.java、AddCourseInfo.java、EditCourseInfo.java、DelCourseInfo.java 和 CourseInfoSearchCnum.java 这 5 个文件组成，它们组成了主界面中"课程管理"菜单的内容，其中包括增加、修改和删除功能。CourseInfo 是 AddCourseInfo、

EditCourseInfo、DelCourseInfo 这 3 个子类的超类，由于 AddCourseInfo、EditCourseInfo 和 DelCourseInfo 的界面显示有共同之处，所以编写包含共有的 CourseInfo 类，可以快速实现其 3 个子类的界面显示。它们之间的构成关系如图 11-2 所示。

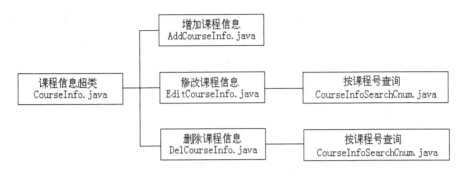

图 11-2　课程信息管理功能结构图

CourseInfoSearchCnum 类是选择课程号的类，该类利用 getCnum()方法将选择出的课程号返回给调用它的类。调用它的类包括 EditCourseInfo 类和 DelCourseInfo 类。

4．成绩信息管理系统

成绩信息管理模块主要由 GradeInfo.java、AddGradeInfo.java 和 EditGradeInfo.java 这 3 个文件组成，这 3 个文件组成了主界面中"成绩管理"菜单的内容，其中包括增加和修改功能。GradeInfo 类是 AddGradeInfo、EditGradeInfo 这两个类的超类，由于 AddGradeInfo 和 EditGradeInfo 的界面显示有共同之处，所以编写包含共有界面的 GradeInfo 类，可以快速实现其两个子类的界面显示。3 个文件构成的关系如图 11-3 所示。

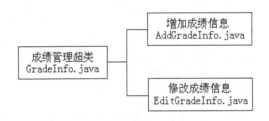

图 11-3　成绩信息管理功能结构图

5．信息查询模块

信息查询模块主要包括学生查询、课程查询和成绩查询 3 个部分。学生查询由 StuSearchSnum.java、StuSearchSname.java、StuSearchSsex.java、StuSearchScollege.java、StuSearchSmajor.java 和 ResultStudent.java 这 6 个文件组成，包括：按照学号查询、按照学生姓名查询、按照性别查询、按照学院查询与按照专业查询。StuSearchSnum.java 类是按照学号查询学生信息的类，支持学号在一定范围内搜索。操作者只需输入需要查询的学号范围，系统会将范围内的信息显示在屏幕上。StuSearchSname.java 类是按照学生姓名查询学生信息的类，支持根据学生姓名进行搜索。操作者输入需要查询的学生姓名，系统会将符合条件的信息显示在屏幕上。同时，如果操作者不输入任何信息，系统将会搜索出所有的学生信息。StuSearchSsex.java 类、StuSearchScollege.java 类、StuSearchSmajor.java 类和 ResultStudent.java 类的实现功能与 StuSearchSname.java 类功能相似。

6. 数据库操作模块

Database.java 类是对数据库进行操作的类，包括：连接数据库、执行 SQL 语句、关闭数据库连接等。StuBean.java 类是用于对学生相关信息进行数据库操作的类，包括：学生信息的增加、修改、删除、查询等。CrsBean.java 类是用于对课程相关信息进行数据库操作的类，包括：课程信息的增加、修改、删除、查询等。csBean.java 类是用于对选课信息及成绩的相关信息进行数据库操作的类，包括：选课信息的修改、查询，以及成绩的登记、修改、查询等。

11.2.4 设计结果与分析

设计结果与分析如下：

(1) 学生管理系统的主界面如图 11-4 所示。

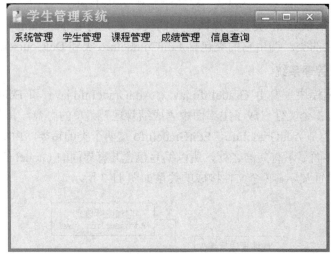

图 11-4　学生管理系统主界面

(2) 添加学生信息界面如图 11-5 所示。

图 11-5　添加学生信息界面

(3) 若要修改学生信息，则先单击"学号查询"选择要修改的学生学号，再单击"确定"按钮后，对所显示的学生信息进行修改。运行界面如图 11-6 所示。

图 11-6　修改学生信息界面

(4) 选择"学号"和所要选择的"课程"进行学生选课操作，运行界面如图 11-7 所示。

图 11-7　学生选课界面

(5) 添加课程信息，运行界面如图 11-8 所示。

图 11-8　添加课程界面

(6) 若要修改课程信息，则单击"查询"按钮，选择所要修改课程的课程编号，之后该信息会自动显示出来，此时可进行信息的修改，运行界面如图 11-9 所示。

图 11-9　修改课程信息界面

(7) 若要添加成绩信息，则在下拉列表中选择学号、课程名称，之后对该学生的成绩进行录入，运行界面如图 11-10 所示。

图 11-10　添加成绩界面

(8) 信息查询包括学号查询、课程查询和成绩查询。若按学号查询，则弹出输入学号的界面，如图 11-11 所示。单击"确定"按钮后，则显示所要查询的信息结果，如图 11-12 所示。

图 11-11　按学号查询界面

学号	姓名	性别	民族	籍贯	入学年份	专业	学院	出生日期
30	周五	男	满	浙江	2000	英语	文法学院	1982-02-04
31	小毛	男	汉	辽宁	2009	计算机	信息工程	1986-1-1
32	肖夏夏	女	汉	四川	2008-09-01	计算机	信息工程	1986-09-25

图 11-12　学生信息查询结果界面

11.2.5 示例代码

1．StuMS.java 代码

具体代码如下：

```java
import javax.swing.UIManager;
import java.awt.*;
public class StuMS {
    booleanpackFrame = false;
    public StuMS() {
        StuMain frame = new StuMain();
        if (packFrame)
        {   frame.pack();       }
        else
        { frame.validate(); }
        //设置运行时窗口的位置
        Dimension screenSize = Toolkit.getDefaultToolkit().getScreenSize();
        Dimension frameSize = frame.getSize();
        if (frameSize.height > screenSize.height) {
            frameSize.height = screenSize.height;
        }
        if (frameSize.width>screenSize.width)
        {
            frameSize.width = screenSize.width;
        }
        frame.setLocation((screenSize.width-frameSize.width) / 2,
                          (screenSize.height - frameSize.height) / 2);
        frame.setVisible(true);
    }
    public static void main(String[] args) {
        //设置运行风格
        try {
            UIManager.setLookAndFeel(UIManager.getSystemLookAndFeelClassName());
        }
        catch(Exception e)
        { e.printStackTrace(); }
        newStuMS();
    }
}
```

2. AddStuInfo.java 代码

具体代码如下：

```java
import java.awt.event.*;
import java.awt.*;
import javax.swing.*;
public class AddStuInfo extends StuInfo {
    StuBeangetSnum = new StuBean();
    public AddStuInfo() {
        this.setTitle("添加学生信息");
        this.setResizable(false);
        sNum.setEditable(false);
        sNum.setText(""+getSnum.getStuId());
        sName.setEditable(true);
        sSex.setEditable(true);
        sSethnic.setEditable(true);
        sBirth.setEditable(true);
        sYear.setEditable(true);
        sMajor.setEditable(true);
        sCollege.setEditable(true);
        sHome.setEditable(true);
        //设置运行时窗口的位置
        Dimension screenSize = Toolkit.getDefaultToolkit().getScreenSize();
        this.setLocation((screenSize.width - 400) / 2, (screenSize.height - 300) / 2 + 45);
    }
    public void downInit(){
        addInfo.setText("增加");
        addInfo.setFont(new Font("Dialog", 0, 12));
        downPanel.add(addInfo);
        clearInfo.setText("清空");
        clearInfo.setFont(new Font("Dialog", 0, 12));
        downPanel.add(clearInfo);
        eixtInfo.setText("退出");
        eixtInfo.setFont(new Font("Dialog", 0, 12));
        downPanel.add(eixtInfo);
        //添加事件侦听
        addInfo.addActionListener(this);
        clearInfo.addActionListener(this);
        eixtInfo.addActionListener(this);
        this.contentPane.add(downPanel,BorderLayout.SOUTH);
```

```java
        }
        public void actionPerformed(ActionEvent e) {
            Object obj = e.getSource();
            if (obj == eixtInfo) {                    //退出
                this.dispose();
            }
            else if (obj == addInfo) {                //增加
                sNum.setEnabled(false);
                sName.setEnabled(false);
                sSex.setEnabled(false);
                sSethnic.setEnabled(false);
                sBirth.setEnabled(false);
                sYear.setEnabled(false);
                sMajor.setEnabled(false);
                sCollege.setEnabled(false);
                sHome.setEnabled(false);
                addInfo.setEnabled(false);
                clearInfo.setEnabled(false);
                eixtInfo.setEnabled(false);
                StuBean addStu = new StuBean();
                addStu.stuAdd(sName.getText(), sSex.getText(), sBirth.getText(), sHome.getText(),
                        sSethnic.getText(), sYear.getText(), sMajor.getText(), sCollege.getText());
                this.dispose();
                AddStuInfo asi = new AddStuInfo();
                asi.downInit();
                asi.pack();
                asi.setVisible(true);
            }
            else if (obj == clearInfo) {              //清空
                setNull();
                sNum.setText(""+getSnum.getStuId());
            }
        }
    }
```

3．EditStuInfo.java 代码

具体代码如下：

```java
import java.awt.*;
import java.sql.*;
import java.awt.event.*;
```

```java
import javax.swing.*;
public class EditStuInfo extends StuInfo {
    String sNum_str = "";
    public EditStuInfo() {
        this.setTitle("修改学生信息");
        this.setResizable(false);
        sNum.setEditable(false);
        sNum.setText("请查询学号");
        sName.setEditable(false);
        sSex.setEditable(false);
        sSethnic.setEditable(false);
        sBirth.setEditable(false);
        sYear.setEditable(false);
        sMajor.setEditable(false);
        sCollege.setEditable(false);
        sHome.setEditable(false);
        //设置运行时窗口的位置
        Dimension screenSize = Toolkit.getDefaultToolkit().getScreenSize();
        this.setLocation((screenSize.width - 400) / 2,
            (screenSize.height - 300) / 2 + 45);
    }
    public void downInit(){
        searchInfo.setText("学号查询");
        searchInfo.setFont(new Font("Dialog", 0, 12));
        downPanel.add(searchInfo);
        modifyInfo.setText("修改");
        modifyInfo.setFont(new Font("Dialog", 0, 12));
        downPanel.add(modifyInfo);
        clearInfo.setText("清空");
        clearInfo.setFont(new Font("Dialog", 0, 12));
        downPanel.add(clearInfo);
        eixtInfo.setText("退出");
        eixtInfo.setFont(new Font("Dialog", 0, 12));
        downPanel.add(eixtInfo);
        searchInfo.setEnabled(true);
        modifyInfo.setEnabled(false);
        clearInfo.setEnabled(true);
        eixtInfo.setEnabled(true);
        //添加事件侦听
```

```java
            searchInfo.addActionListener(this);
            modifyInfo.addActionListener(this);
            clearInfo.addActionListener(this);
            eixtInfo.addActionListener(this);
            this.contentPane.add(downPanel,BorderLayout.SOUTH);
        }
        public void actionPerformed(ActionEvent e) {
            Object obj = e.getSource();
            String[] s = new String[8];
            if (obj == eixtInfo) {                //退出
                this.dispose();
            }
            else if (obj == modifyInfo) {         //修改
                StuBean modifyStu = new StuBean();
                modifyStu.stuModify(sNum.getText(), sName.getText(), sSex.getText(),
                        sBirth.getText(), sHome.getText(), sSethnic.getText(), sYear.getText(),
                        sMajor.getText(), sCollege.getText());
                modifyStu.stuSearch(sNum.getText());
                s = modifyStu.stuSearch(sNum_str);
                sName.setText(s[0]);
                sSex.setText(s[1]);
                sSethnic.setText(s[2]);
                sHome.setText(s[3]);
                sYear.setText(s[4]);
                sMajor.setText(s[5]);
                sCollege.setText(s[6]);
                sBirth.setText(s[7]);
            }
            else if (obj == clearInfo) { //清空
                setNull();
                sNum.setText("请查询学号");
            }
            else if (obj == searchInfo) { //学号查询
                StuInfoSearchSnum siss = new StuInfoSearchSnum(this);
                siss.pack();
                siss.setVisible(true);
                try{
                    sNum_str = siss.getSnum();
                }catch(Exception ex){
```

```
            JOptionPane.showMessageDialog(null, "没有查找到该学号！");
        }
        StuBean searchStu = new StuBean();
        s = searchStu.stuSearch(sNum_str);
        if(s == null){
            JOptionPane.showMessageDialog(null, "记录不存在！");
            sNum.setText("请查询学号");
            sName.setText("");
            sSex.setText("");
            sSethnic.setText("");
            sHome.setText("");
            sYear.setText("");
            sMajor.setText("");
            sCollege.setText("");
            sBirth.setText("");
            sName.setEditable(false);
            sSex.setEditable(false);
            sSethnic.setEditable(false);
            sBirth.setEditable(false);
            sYear.setEditable(false);
            sMajor.setEditable(false);
            sCollege.setEditable(false);
            sHome.setEditable(false);
            modifyInfo.setEnabled(false);
            return;
        }
        else{
            sNum.setText(sNum_str);
            sName.setText(s[0]);
            sSex.setText(s[1]);
            sSethnic.setText(s[2]);
            sHome.setText(s[3]);
            sYear.setText(s[4]);
            sMajor.setText(s[5]);
            sCollege.setText(s[6]);
            sBirth.setText(s[7]);
            sName.setEditable(true);
            sSex.setEditable(true);
            sSethnic.setEditable(true);
```

```
                sBirth.setEditable(true);
                sYear.setEditable(true);
                sMajor.setEditable(true);
                sCollege.setEditable(true);
                sHome.setEditable(true);
                modifyInfo.setEnabled(true);
            }
        }
    }
}
```

参 考 文 献

[1] 张恒，等. Java 程序设计与实践. 北京：清华大学出版社，2017.
[2] 高飞，等. Java 程序设计使用教程. 北京：清华大学出版社，2017.
[3] BruceEckel. Java 编程思想. 北京：机械工业出版社，2007.
[4] 邹容，等. Java 面向对象程序设计. 北京：机械工业出版社，2014.
[5] 耿祥义，张跃平. Java 面向对象程序设计. 2 版. 北京：清华大学出版社，2013.
[6] 钱银中，等. Java 程序设计案例教程. 北京：机械工业出版社，2008.
[8] Horstmann C S，Cornell G. Java 核心技术(卷 1). 北京：机械工业出版社，2016.
[8] 马俊，范玫. Java 语言面向对象程序设计. 2 版. 北京：清华大学出版社，2014.
[9] 郎波. Java 语言程序设计. 北京：清华大学出版社，2016.